甘蔗分子生物学实验技术

Experimental Protocols of Sugarcane Molecular Biology

黄东亮　潘有强　廖　芬　主编

Chief Editors：Dongliang Huang，Youqiang Pan，Fen Liao

中国农业出版社

北　京

图书在版编目（CIP）数据

甘蔗分子生物学实验技术 / 黄东亮，潘有强，廖芬主编．—北京：中国农业出版社，2022.8
ISBN 978-7-109-29843-9

Ⅰ.①甘…　Ⅱ.①黄…②潘…③廖…　Ⅲ.①甘蔗—分子生物学—实验　Ⅳ.①S566.1-33

中国版本图书馆CIP数据核字（2022）第149497号

甘蔗分子生物学实验技术
GANZHE FENZI SHENGWUXUE SHIYAN JISHU

中国农业出版社出版
地址：北京市朝阳区麦子店街18号楼
邮编：100125
责任编辑：王琦瑢
责任校对：刘丽香
印刷：北京大汉方圆数字文化传媒有限公司
版次：2022年8月第1版
印次：2022年8月北京第1次印刷
发行：新华书店北京发行所
开本：787mm×1092mm　1/16
印张：9.75
字数：246千字
定价：78.00元

主　编：黄东亮　潘有强　廖　芬

Chief Editors： Dongliang Huang，Youqiang Pan，Fen Liao

参编人员：陈忠良　秦翠鲜　汪　淼　李傲梅

Participant Editors： Zhongliang Chen，Cuixian Qin，Miao Wang，Aomei Li

前言

分子生物学是从分子水平研究生物大分子的结构与功能从而阐明生命现象本质的科学，是生物技术的重要理论基础。分子生物学实验技术已应用到生物学及农林医药等各个领域，在作物重要性状的形成机理和品种改良等方面的应用，正逐渐显示出其较传统育种无可伦比的技术优势。

甘蔗是最重要的糖料作物，其茎能积累、贮藏高浓度的蔗糖。甘蔗糖占全球产糖量的80%以上。中国是世界第三大甘蔗产糖国，近年来甘蔗糖占全国产糖量的90%左右。

广西是我国蔗糖生产的主要优势区。自从1992—1993年榨季至今，广西甘蔗种植面积和产糖量一直位居全国首位。2006年以来，广西的糖料蔗和蔗糖产量均稳定占全国的总产量60%以上。取得这一成就是与我国各级政府对甘蔗糖业发展的重视和政策支持分不开的，也与广西科技人员对甘蔗新品种选育、繁育和配套高产栽培技术等方面的研究和推广密切相关，科技对甘蔗糖业的贡献作用巨大。

甘蔗基因组庞大。甘蔗栽培品种的遗传背景复杂，染色体数量不一，是非整倍、异源多倍体，杂交后代性状变异较为复杂，这些特点给甘蔗育种科研工作带来许多技术困难。与水稻、玉米、高粱、小麦等其他禾本科作物相比，分子生物学实验技术在甘蔗遗传育种上的应用较滞后。随着DNA测序技术和生物信息学的快速发展，以及我国对基础研究越来越重视，生物技术与常规杂交育种相结合将是甘蔗育种技术发展的必然趋势。因此，甘蔗科技人员对分子生物学实验技术的掌握已成为在新的高度和水平上揭示甘蔗生命奥秘、促进甘蔗品种改良的必然需求。为促进现代甘蔗育种技术的进步，提高科技对甘蔗糖业发展的贡献率，促进甘蔗糖业的高质量发展，我们特编写《甘蔗分子生物学实验技术》一书。

本书是在整理本甘蔗分子育种团队的研究成果，并参考国内外甘蔗科研相关文献，选择在甘蔗研究上应用较多的分子生物学实验技术及方法编写而成。内容包括：常用分子生物学实验技术、DNA分子标记技术、甘蔗遗传转化、基因组原位杂交与显微检测技术、组学分析、甘蔗病害分子检测技术、常用分子生物学分析工具等共有7章。希望此书的出版发行能为从事甘蔗科研的人员提供有益的参考。

本书的出版得到了国家重点研发计划项目（2019YFD1000500）、国家自然科学基金项目（31960449、32160491）、广西科技重大专项（AA20108005、AA22036003）、广西重点研发计划（桂科AB22035028）、广西自然科学基金项目（2020GXNSFBA297030）、广西农业科学院项目（2021YT010、GNK2022JM14）等项目的资助，特此感谢！

由于作者水平有限，不妥之处在所难免，敬请读者在使用过程中批评指正。

编　者

2022年5月

目 录

第一章　常用分子生物学实验技术

第一节　常用菌株和质粒

菌株（strain）又称品系，表示任何由一个独立分离的单细胞（或单个病毒粒子）繁殖而成的纯种群体及其后代。因此，一种微生物的每一不同来源的纯培养（pure culture）或纯分离物（pure isolate）均可称为某菌种的一个菌株。

质粒（plasmid）是细菌、酵母菌和放线菌等生物中染色体（或拟核）以外的DNA分子，它具有自主复制能力，可以在子代细胞中保持恒定的拷贝数，同时还可以表达所携带的遗传信息。质粒是闭合环状的双链DNA分子，一般存在于细胞质中，但也有例外，如酵母的2 μm质粒存在于细胞核中。细菌质粒是DNA重组技术中常用的载体。载体是指把一个有用的外源基因通过基因工程手段，送进受体细胞中去进行增殖和表达的工具。将某种目标基因片段重组到质粒中，构成重组基因或重组体。

质粒广泛存在于生物界，从细菌、放线菌、丝状真菌、大型真菌、酵母到植物，甚至人类机体中都含有。从分子组成看，有DNA质粒，也有RNA质粒；从分子构型看，有线型质粒、也有环状质粒，其表型也多种多样。细菌质粒是基因工程中最常用的载体。表1-1是列出了分子生物学实验中常用菌株和质粒的特征。

表1-1　常用菌株和质粒

菌株和质粒	特　征	备　注
大肠杆菌（*Escherichia coli*，*E. coli*）		
DH5α	F－，φ80dlacZΔM15，Δ（lacZYA－argF）U169，deoR，recA1，endA1，hsdR17（rk－，mk＋），phoA，supE44，λ－，thi－1，gyrA96，relA1	DH5α在使用pUC系列质粒载体转化时，可与载体编码的β-半乳糖苷酶氨基端实现α-互补。可用于蓝白斑筛选鉴别重组菌株
JM109	recA1，endA1，gyrA96，thi－1，hsdR17，supE44，relA1，Δ（lac－proAB）/F′［traD36，proAB＋，lacIq，lacZΔM15］	可用于蓝白斑筛选鉴别重组菌株
BL21（DE3）pLysS	F－，ompT hsdS（rBB－mB－），gal，dcm（DE3），pLysS，Cam^r	该菌株含有质粒pLysS，因此具有氯霉素抗性。PLysS含有表达T7溶菌酶的基因，能够降低目的基因的背景表达水平，但不干扰目的蛋白的表达。该菌适合表达毒性蛋白和非毒性蛋白
TOP10	F－，mcrAΔ（mrr－hsd RMS－mcrBC），φ80，lacZΔM15，ΔlacX74，recA1，araΔ139Δ（ara－leu）7697，galU，galK，rps，（Strr）endA1，nupG	该菌株适用于高效的DNA克隆和质粒扩增，能保证高拷贝质粒的稳定遗传

（续）

菌株和质粒	特征	备注
根癌农杆菌（*Agrobacterium tumefaciens*，*A. tumefaciens*）		
AGL-1	C58，RecA，Rif^r，pTiBo542ΔT-DNA	
EHA105	C58，Rif^r，pEHA105（pTiBo542ΔT-DNA）	
EHA101	C58，Rif^r，pEHA101（pTiBo542ΔT-DNA），Kan^r	
LBA4404	TiAch5，Rif^r，pAL4404，Spc^r and $Strep^r$	
植物表达载体		
pBI 121	Kan^r in *E. coli*，Kan^r in *A. t*，CaMV35S-P before MCS；Kan^r in plant	
pCAMBIA1300	Kan^r in *E. coli*，Kan^r in *A. t*，No Promoter before MCS；HYG^r in plant	
pCAMBIA1301	Kan^r in *E. coli*，Kan^r in *A. t*，No Promoter before MCS；HYG^r in plant	
pRI101-ON	Kan^r in *E. coli*，Kan^r in *A. t*，35S promoter before MCS；Kan^r in plant	
pC1300-MCS-E9T	Modified from pCAMBIA1300. Ubi promtoer before MCS，E9terminator behind MCS；HYG^r in plant	
pGVG	Modified from pCAMBIA2300. Kan^r in *E. coli*，Kan^r in *A. t*，gateway technology with Ubi promoter；Kan^r in plant	
pUKU	Kan^r in *E. coli*，Kan^r in *A. t*，Ubi promoter before MCS；Kan^r in plant	该质粒含有两个Ubi启动子，在植物中的卡那筛选标记和外源基因均由Ubi启动子驱动，适合甘蔗等单子叶植物遗传转化
原核表达载体		
pQE-30	Amp^r 原核表达载体（β-lactamase）	
pETblue-2	Amp^r 原核表达载体（β-lactamase）	
克隆载体		
pUC18/19	Amp^r 克隆/测序载体	
pGEM-T easy	T载体，Amp^r 克隆/测序载体	Promega co.
pMD19	T载体，Amp^r 克隆/测序载体	Takara co.

第二节　常用培养基

培养基是指供给微生物、植物或动物（或组织）生长繁殖的，由不同营养物质组合配制而成的营养基质。一般都含有碳水化合物、含氮物质、无机盐（包括微量元素）、维生素和水等几大类物质。培养基既是提供细胞营养和促使细胞增殖的基础物质，也是细胞生长和繁殖的生存环境。根据配制原料的来源可分为自然培养基、合成培养基、半合成培养基；根据物理状态可分为固体培养基、液体培养基、半固体培养基；根据培养功能可分为基础培养基、选择培养基、加富培养基、鉴别培养基等；根据使用范围可分为细菌培养基、放线菌培养基、酵母菌培养基、真菌培养基等。培养基配成后一般需测试并调节 pH，还须进行灭菌，通常有高温灭菌和过滤灭菌。培养基由于富含营养物质，易被污染或变质，配好后不宜久置，最好现配现用。

本节所述的培养基均用去离子水配制，在使用前经 1.05 kg/cm^2 的压力维持 20 min 高压湿热灭菌。

一、根癌农杆菌培养基

根癌农杆菌培养基如表 1－2。

表 1－2　根癌农杆菌培养基 YEB（1 000 mL）

Beef extract（牛肉浸膏）	5.0 g/L
Yeast extract（酵母膏）	1.0 g/L
Peptone（蛋白胨）	5.0 g/L
Sucrose（蔗糖）	5.0 g/L
$MgSO_4 \cdot 7H_2O$	4.0 g/L
pH	7.4

二、大肠杆菌培养基

大肠杆菌培养基如表 1－3。

表 1－3　大肠杆菌培养基 LB（lysogeny broth）（1 000 mL）

Tryptone（胰化蛋白胨）	10.0 g/L
Yeast extract（酵母膏）	5.0 g/L
NaCl	5.0 g/L
pH	7.0

LA：培养 *E. coli* 的固体培养基，于 LB 培养基中加入 1.5%（*W/V*）琼脂。

三、SOC 培养基

SOC 培养基如表 1－4。

表 1－4　SOC 培养基的组成（1 000 mL）

Tryptone（胰化蛋白胨）	20.0 g/L
Yeast extract（酵母膏）	5.0 g/L
NaCl	0.5 g/L
$MgCl_2$	2.03 g/L
$MgSO_4$	2.5 g/L
Glucose	4.0 g/L
pH	7.0

四、MS（Murashige and Skoog）培养基

1. MS 培养基 如表 1-5。

表 1-5 MS 培养基组成

	成　分	分子量	使用浓度（mg/L）
大量元素	KNO_3	101.10	1 900
	NH_4NO_3	80.04	1 650
	KH_2PO_4	136.09	170
	$MgSO_4 \cdot 7H_2O$	246.48	370
	$CaCl_2 \cdot 2H_2O$	147.02	440
微量元素	KI	166.01	0.83
	H_3BO_3	61.83	6.2
	$MnSO_4 \cdot 4H_2O$	223.01	22.3
	$ZnSO_4 \cdot 7H_2O$	287.54	8.6
	$Na_2MoO_4 \cdot 2H_2O$	241.95	0.25
	$CuSO_4 \cdot 5H_2O$	249.68	0.025
	$CoCl_2 \cdot 6H_2O$	237.93	0.025
铁盐	$Na_2 \cdot EDTA \cdot 2H_2O$	372.25	37.3
	$FeSO_4 \cdot 7H_2O$	278.03	27.8
有机成分	肌醇		100
	甘氨酸		2
	盐酸硫胺素（维生素 B_1）		0.1
	盐酸吡哆醇（维生素 B_6）		0.5
	烟酸（维生素 B_5 或维生素 PP）		0.5
	蔗糖（sucrose）	342.31	30. g/L
	琼脂（agar）		7 g/L

2. 母液的配制 其优点：保证各物质成分的准确性，便于配制时快速移取，便于低温保藏。

（1）大量元素母液如表 1-6。

表 1-6 大量元素母液组成

成　分	1×(使用浓度)	10×	50×
NH_4NO_3	1 650 mg/L	16.5 g/L	82.5 g/L
KNO_3	1 900 mg/L	19.0 g/L	95.0 g/L
$MgSO_4 \cdot 7H_2O$	370 mg/L	3.7 g/L	18.5 g/L
KH_2PO_4	170 mg/L	1.7 g/L	8.5 g/L

（2）钙盐母液如表 1－7。

表 1－7　钙盐母液的组成

成　　分	1×（使用浓度）	10×	200×
$CaCl_2 \cdot 2H_2O$	440 mg/L	4.4 g/L	88.0 g/L

（3）微量元素母液如表 1－8。

表 1－8　微量元素母液的组成

成　　分	1×（使用浓度）	10×	200×
$MnSO_4 \cdot 4H_2O$	22.3 mg/L	223.0 mg/L	4.46 g/L
$ZnSO_4 \cdot 7H_2O$	8.6 mg/L	86.0 mg/L	1.72 g/L
$CoCl_2 \cdot 6H_2O$	0.025 mg/L	0.25 mg/L	0.005 g/L
$CuSO_4 \cdot 5H_2O$	0.025 mg/L	0.25 mg/L	0.005 g/L
$Na_2MoO_4 \cdot 2H_2O$	0.25 mg/L	2.5 mg/L	0.05 g/L
KI	0.83 mg/L	8.3 mg/L	0.166 g/L
H_3BO_3	6.2 mg/L	62.0 mg/L	1.24 g/L

（4）铁盐母液如表 1－9。

表 1－9　铁盐母液的组成

成　　分	1×（使用浓度）	10×	200×
$Na_2 \cdot EDTA$	37.3 mg/L	373 mg/L	7.46 g/L
$FeSO_4 \cdot 7H_2O$	27.8 mg/L	278 mg/L	5.56 g/L

注：配制时，两种成分分别溶解在少量蒸馏水中，其中 EDTA 钠盐较难完全溶解，可适当加热。混合时，先取一种置容量瓶（烧杯）中，然后将另一种成分加入逐渐剧烈振荡，至产生深黄色溶液，最后定容，保存在棕色试剂瓶中。

（5）维生素母液如表 1－10。

表 1－10　维生素母液的组成

成　　分	1×（使用浓度）	10×	200×
烟酸	0.5 mg/L	5.0 mg/L	0.1 g/L
盐酸吡哆素（维生素 B_6）	0.5 mg/L	5.0 mg/L	0.1 g/L
盐酸硫胺素（维生素 B_1）	0.1 mg/L	1.0 mg/L	0.02 g/L
甘氨酸	2 mg/L	20.0 mg/L	0.4 g/L

（6）肌醇母液如表 1－11。

表 1－11　肌醇母液的组成

成　　分	1×（使用浓度）	10×	200×
肌醇	100 mg/L	1.0 g/L	20.0 g/L

(7) 激素配制如表1-12。

表1-12 激素的组成

成　分	1×(使用浓度)	母液浓度
2,4-D	3.0 mg/L	1.0 g/L

成　分	1×(使用浓度)	1 000×
6-BA	1.0 mg/L	1.0 g/L
NAA	0.01 mg/L	0.01 g/L

成　分	1×(使用浓度)	100×
NAA	10.0 mg/L	1.0 g/L

注：2,4-D，NAA先用少量的乙醇预溶解，然后加水定容。6-BA先用少量1 mol/L的盐酸溶解，再加水定容。

(8) 注意事项：一些离子易发生沉淀，可先用少量水溶解，再按配方顺序依次混合；配制母液时用蒸馏水或重蒸馏水；药品用化学纯或分析纯。

(9) 保存：将配制好的母液分别装入试剂瓶中，贴好标签，注明各培养基母液的名称、浓缩倍数、日期，注意将易分解、氧化者，放入棕色瓶中，4 ℃冰箱保存。

3. MS培养基的配制步骤

(1) 先在大烧杯中加入一定量的水，然后按配方顺序依次加入各种母液。

(2) 加入激素母液。

(3) 加入6 g/L琼脂，30 g/L蔗糖。

(4) 加水至刻度后搅拌均匀。

(5) 分装：将搅拌均匀的培养基分装到组培瓶中，每瓶约30 mL (每升分装35瓶左右)。

(6) 灭菌。

注：若需要加入抗生素，则培养基配好后先灭菌，待冷却到一定温度后加入抗生素，然后分装到灭菌的组培瓶中。

第三节　常用抗生素

抗生素 (antibiotics) 是由微生物 (包括细菌、真菌、放线菌属) 或高等动物、植物在生命过程中所产生的具有抗病原体或其他活性的一类次级代谢产物，能干扰其他细胞发育功能的化学物质。表1-13列出了分子生物学实验中常用的抗生素种类及使用浓度。

表1-13 常用抗生素使用浓度

抗生素	缩写	贮存液	使用浓度	100 mL琼脂平板加入贮液量	20 mL琼脂平板加入贮液量
卡那霉素 (Kanamycin)	Km	25 mg/mL (溶于水)	25 μg/mL	100 μL	20 μL

（续）

抗生素	缩写	贮存液	使用浓度	100 mL 琼脂平板加入贮液量	20 mL 琼脂平板加入贮液量
利福平（Rifampicin）	Rif	50 mg/mL（溶于甲醇）	50 μg/mL 5 μg/mL	100 μL	20 μL
氨苄西林（Ampicillin）	Amp	50 mg/mL（溶于水）	100 μg/mL	200 μL	40 μL
壮观霉素（Spectinomycin）	Spc	50 mg/mL	50 μg/mL	100 μL	20 μL
氯霉素（Chloramphenicol）	Cm	10 mg/mL（溶于乙醇）	50 μg/mL	500 μL	100 μL
链霉素（Streptomycin）	Sm	50 mg/mL（溶于水）	25 μg/mL（10～50 μg/mL）	50 μL	10 μL
β-半乳糖苷酶（X-gal）		50 mg/mL（溶于二甲基甲酰胺）	40 μg/mL	80 μL	16 μL
异丙基-β-D-硫代半乳糖苷（IPTG）		200 mg/mL	40 μg/mL	20 μL	4 μL
5-溴-4-氯-3-吲哚-β-D-吡喃半乳糖苷（X-gluc）		2 mg/mL	20 μg/mL	1 mL	200 μL
葡萄糖（Glucose）		40%	2%	5 mL	1 mL
刚果红（Congo red）		0.25%			200 μL

注：① 利福平用甲醇溶解，不易溶解，需震动混匀；四环素先用酒精溶解，再加入无菌水至 50%；其他抗生素均用无菌水配制。抗生素一般不用高温高压灭菌，必要时用过滤法除菌。液体培养基用量减半。

② 氯霉素先用少量乙醇溶解，再加入无菌水至所需体积。

③ 利福平、卡那霉素、氨苄西林溶液配制好后，0.22 μm 过滤膜除菌（可用无菌水配制）分装，－20 ℃保存数月。

④ 氨苄西林溶解后，0.22 μm 过滤膜除菌（可用无菌水配制），分装，－20 ℃保存数月。加入培养基时一定要等灭菌后的培养基冷却到 40～50 ℃时再加入。含氨苄西林的培养基平板在 4 ℃可保存 2 周。

⑤ 25 mg/mL Kan：称取 250 mg 卡那霉素粉末，溶于 10 mL 无菌水中，0.22 μm 过滤膜除菌，置 4 ℃保存或分装置－20 ℃保存。

⑥ 50 mg/mL Rif：称取 500 mg 利福平粉末，溶于 10 mL 甲醇中，0.22 μm 过滤膜除菌，置 4 ℃保存或分装置－20 ℃保存。

第四节　常用溶液与缓冲液

本节所述的溶液都用超纯去离子水配制，使用前经过灭菌或者溶液成分单独灭菌，1.05 kg/cm^{2}维持 20 min。注意：SDS、NaOH、HCl、氯仿、酚类、酒精等试剂不能用高压高温灭菌。

1. 20%葡萄糖（1.1 mol/L）　称取 20.0 g 葡萄糖溶于水中，定容到 100 mL。灭菌后置

4 ℃ 保存。

2. 0.5 mol/L EDTA（乙二胺四乙酸）(pH 8.0) 称取 EDTA（*MW*：292.24）146.12 g，溶于 800 mL 水中，因 EDTA 室温下不易溶于水，配制时需加入 NaOH（约需 20 g NaOH 颗粒），使 EDTA 在室温下不易溶于水，然后用浓盐酸调 pH 至 8.0，最后定容至 1 000 mL，高压灭菌，分装备用。

注：EDTA 二钠盐需加入 NaOH，将溶液的 pH 调至接近 8.0，才能完全溶解。

3. 5 mol/L NaOH 称取固体 NaOH（*MW*=40）40 g，溶于水 150 mL 水中，最后定容到 200 mL。

4. 2 mol/L HCl 量取浓盐酸 33.3 mL（浓盐酸的浓度为 12 mol/L），缓慢加水，最后用定容到 200 mL。

5. 10%SDS(Sodium dodecyl sulfate，十二烷基硫酸钠) 称取电泳级 SDS100 g，溶解在于 900 mL 水中，在水浴中加热至约 68 ℃助溶，加入几滴浓盐酸调 pH 至 7.2，水定容至 1 000 mL，分装备用。

注意：SDS 的微细晶粒易扩散，因此称量时要戴面罩，称量完毕后要清除残留在称量工作区和天平上的 SDS，10%SDS 溶液无须灭菌。

6. 1 mol/L Tris 溶液 称取 Tris（三羟甲基氨基甲烷），分子式 $C_4H_{11}NO_3$（*MW*=121.14）121.91 g 溶解于 800 mL 水中，用浓盐酸调至所需的 pH。

注：Tris 溶液的 pH 因温度而异，温度每升高 1 ℃，pH 大约降低 0.03 个单位。因此，配制 Tris 溶液时要等溶液冷却至室温后才调 pH，最后再定容至 100 mL，然后再高压灭菌和分装使用。如果 1 mol/L Tris 溶液呈现为黄色，应予丢弃不宜再用。

7. 1×TE 缓冲液 如表 1-14。

表 1-14 1×TE 缓冲液的配制

成　分	使用浓度	母液	配 10 mL	配 100 mL
Tris-HCl（pH 8.0）	10 mmol/L	2 mol/L	50 μL	500 μL
EDTA（pH 8.0）	1 mmol/L	0.5 mol/L	20 μL	200 μL
H_2O			定容到 10 mL	定容到 100 mL

8. 质粒提取试剂

(1) 溶液Ⅰ(50 mmol/L 葡萄糖、10 mmol/L EDTA、25 mmol/L Tris-HCl，pH=8.0)：如表 1-15。

表 1-15 溶液Ⅰ的配制

试剂	使用浓度	母液	配 10 mL	配 20 mL
葡萄糖	50 mmol/L	20%（1.1 mol/L）	455 μL	910 μL
Tris-HCl	25 mmol/L	2 mol/L	125 μL	250 μL
EDTA	10 mmol/L	0.5 mol/L	200 μL	400 μL
H_2O			定容到 10 mL	定容到 20 mL

（2）溶液Ⅱ（0.2 mol/L NaOH/1% SDS）：如表 1-16。

表 1-16　溶液Ⅱ的配制

试剂	终浓度	母液	配 10 mL	配 20 mL
NaOH	0.2 mol/L	5 mol/L	400 μL	800 μL
SDS	1%	10%	1 000 μL	2000 μL
H_2O			定容到 10 mL	定容到 20 mL

注：最好现配，不宜久置。

（3）溶液Ⅲ[3 mol/L KAc（pH 4.8/2 mol/L 醋酸）]：即 3 mol/L KAc（pH 4.8），配制方法：称取乙酸钾（KAc，*MW*=98.14）29.44 g，加入 11.5 mL 冰乙酸（Acetic acid），用水溶解后再定容到 100 mL。

9. 50×TAE 电泳缓冲液　如表 1-17。

表 1-17　50×TAE 电泳缓冲液的配制

试剂	终浓度	工作液	用量
Tris	2 mol/L	固体 Tris	242.24 g
Acetic acid	1 mol/L	17.4 mol/L	57.1 mL
EDTA	50 mmol/L	0.5 mol/L，pH 8.0	100 mL
调 pH=8.0，用双蒸水（ddH_2O）定容至 1 L			

10. 10×TBE（Tris-Boric-EDTA）**电泳缓冲液**　如表 1-18。

表 1-18　10×TBE 电泳缓冲液的配制

试剂	终浓度	工作液	用量
Tris	900 mmol/L	固体 Tris	108 g
硼酸（Boric-acid）	900 mmol/L	硼酸	55 g
EDTA（pH 8.0）	20 mmol/L	0.5 mol/L，pH 8.0	40 mL
调 pH=8.0，用双蒸水（ddH_2O）定容至 1 L			

11. 10 mg/mL Rnase（核糖核酸酶）　配制方法：取 0.5 g RNase A 置于 50 mL 塑料离心管中，加入 40 mL 灭菌水，充分混合溶解之后定容 50 mL。

于 100 ℃ 煮沸 15 min，缓慢冷却至室温，小份分装（1 mL/管）后，置于-20 ℃保存。

第五节　常用微生物学实验方法

一、常用菌株培养条件

1. 培养根癌农杆菌　液体培养一般在 28 ℃ 摇床 200 r/min 培养 18 个小时左右；固体培养在 28 ℃温箱培养 2～3 d。

2. 培养大肠杆菌　液体培养一般在 37 ℃ 摇床，200 r/min 培养 12～15 h；固体培养在

37 ℃温箱培养过夜。

3. 菌株保存 根癌农杆菌可保存在含适当抗生素的 YEB 平板，*E. coli* 保存在含适当抗生素的 LA 平板，贮存在 4 ℃冰箱，存活 2 个月左右，每 4～6 周重新划线接活；长期保存，将新鲜培养的过夜培养物（至对数生长期后）与等体积的 40%（*V/V*）灭菌甘油充分的混合后贮存于－80 ℃，菌株可以存活 2 年左右。

二、菌株保存方法

1. 平板低温保存法 将菌种接种在适宜的平板培养基上，待菌生长充分后，转移至4 ℃冰箱中保存。平板在 4 ℃存放时，最好用封口膜封口，不能长时间存放，一般 7～10 d，最多不应超过 2 周（特殊菌株可能时间更短）。此法仅用于工作用菌种的短期保存，并应随时检查其污染杂菌和变异等情况，发现异常情况，应经灭活处理后销毁。

2. 琼脂斜面低温保存法 日常使用的工作用菌种可用此法在短期内保存。

（1）将经常使用的菌种的典型菌落接种在斜面（某些特殊菌种可用液体培养基）上，按规定的温度和时间培养，待充分生长后，把培养好的新鲜菌种用牛皮纸包好，为减缓培养基的水分蒸发，延长保藏时间，可将菌种保藏管的棉花塞换成橡胶塞。放在 4 ℃左右的冰箱中保藏。每隔 1 个月移种一次，继续进行保藏。

（2）适用范围：细菌、酵母菌、真菌保藏。

（3）各类菌种保藏条件及时间如表 1－19。

表 1－19 常用各类菌种的保藏条件

菌种	培养基	保存温度	传种时间
细菌	一般多用营养琼脂或根据菌种规定选用培养基	4～6 ℃	芽孢杆菌 3～6 个月 其他细菌每个月
酵母菌	一般用麦芽汁琼脂或麦芽汁酵母膏琼脂	4～6 ℃	一般 4～6 个月
丝状真菌	一般用 PDA 琼脂、蔡氏琼脂或麦芽汁琼脂等	4～6 ℃	每 4 个月一次（每 2 个月移植一次）

3. 甘油冷冻保存法 菌种长时间冻存应放于液氮或者－80 ℃冰箱。甘油的作用：能够提高水体的黏稠度，使其冰点提高，防止细胞内部产生冰晶造成细胞的损害，一般使用甘油的终浓度在 10%～20%，该范围外的浓度会对细胞产生毒性，如果是保存带有质粒的菌种建议甘油终浓度为 8%～10%，甘油浓度太高会导致质粒的不稳定。野生菌甘油浓度最高可以提高到 20%～30%。

用培养基（培养基应选择需保存菌株生长用的培养基）配制 50%（*V/V*）的甘油，高压蒸汽灭菌后，按 200 μL/管分装到 EP 管中，另少数分装于螺口管。甘油一次不应分装太多。重要菌种应该用 2 mL 的螺口管保存。因为螺口管密封更严，而且不会在冷冻时崩开。

保菌前，把甘油管做好标记。标记内容应包括菌名、保存日期、保存人和有效期。每个样品应至少保存 2 管。

保菌时，用无菌枪头吸取 600 μL（该体积可根据最终甘油浓度而变）的新鲜菌液（应采用性状稳定，生长至对数中期的菌液进行保菌），加入甘油后，缓缓吹打混合均匀。放入－80 ℃冰箱保藏。

该方法保藏菌种的有效期规定为 6 个月。超过 6 个月应及时进行复苏传代，此种方法主要适用于需氧细菌和酵母菌的保藏。在构建载体的重要时刻都应该进行菌种保存，还应该保存质粒（于 TE 缓冲液，－20 ℃）。质粒导入 *E. coli* 后都应该进行保菌。建议基因工程菌应保藏在含低浓度选择剂的培养基中。

三、菌种的复苏

经过长期保藏和传代的菌种，由于种种原因易发生衰退、变异或死亡，因此各类菌种在保藏期间必须定期检查，发现变异或衰退，应及时给予恢复。

1. 冻存菌悬液的复苏

（1）器具和试剂：

①用具：超净工作台、灭菌 1 mL 滴管、酒精灯、接种环。

② 培养基：根据菌种的特性选择适宜的液体培养基（如营养肉汤培养基 10 mL 或改良马丁培养基 10 mL 等）、琼脂斜面或平板培养基。

③ 消毒液：75%酒精、0.1%新洁尔灭或 84 消毒液等。

（2）操作步骤：

① 从低温冰箱中取出菌种冻存管，室温下放置使其自然解冻。

② 将解冻后菌种管及灭菌滴管、液体培养基等移入工作台。

③ 用 75%酒精棉球擦拭菌种冻存管外壁，稍干。

④ 点燃酒精灯，在火焰旁打开菌种冻存管盖，用一支灭菌滴管吸取解冻的菌悬液，接种至 10 mL 液体培养基中（生孢梭菌需接种至 12 mL 硫乙醇酸盐流体培养基中）。或用接种环取菌悬液划线接种于琼脂斜面或平板培养基上。

⑤ 将用过的滴管和菌种管投入消毒液内浸泡，接种环在火焰上灼烧。

⑥ 将上述接种后的培养基在规定温度下培养（细菌在 30～35 ℃恒温培养 18～24 h，真菌在 23～28 ℃恒温培养 24～48 h）。

⑦ 仔细观察培养物：如呈典型菌落即可作为日常工作中使用的菌种，注明菌名、编号、代次和接种日期后，置 2～8 ℃冰箱内保存；如发现菌苔形状不典型，可进行平板分离单菌落。

⑧ 注意：已解冻的冻存管不可再冻存。

四、菌种的接种、传代

以斜面菌种为例，其他方法类似。

1. 器具和试剂

（1）用具：超净工作台、接种环、酒精灯。

（2）培养基：营养琼脂或改良马丁琼脂斜面培养基或适宜的液体培养基。培养基应新鲜制备，如斜面已干缩，无冷凝水，则不宜再使用。

（3）消毒液：75%酒精、0.1%新洁尔灭或 84 消毒液。

2. 操作步骤

（1）将冰箱中取出的菌种斜面，在室温放置 30 min，待温度平衡后再移入接种室内或超净工作台。

（2）点燃酒精灯，将菌种管与接种管持在左手拇指、食指与中指之间，试管口斜向上，两试管口平齐靠近火焰旁。

（3）用右手在火焰旁转动两管的棉塞，以便接种时易拔取，再以右手持接种环在火焰上烧红 30 s，随后将全部铂金丝及金属棒部分在火焰上灼烧，往返通过 3 次。

（4）右手用无名指、小指及掌部夹住棉塞，左手将管口在火焰上旋转烧灼，右手再轻轻拔出棉塞，夹在无名指、小指及掌部，并勿使其与任何物品接触。

（5）将灼烧过的接种环插入菌种管内，先接触无菌苔生长的培养基上，待冷后，从斜面上挑取菌苔少许，取出时，接种环不能通过火焰，应在火焰旁迅速插入至接种管内液体培养基中，或在琼脂斜面的底部，由底向上，将接种环轻贴斜面的表面曲折移动，使细菌划在斜面的表面上，注意只划动一次，勿重复移动，且勿使菌苔沾在管壁口。

（6）取出接种环，立即将管口通过火焰灭菌，右手到火焰旁将试管棉塞塞上，然后将接种过细菌的接种环在火焰上灼烧灭菌。

（7）已接种毕的各管贴好标签，注明菌名、编号、代次（$n+1$）和接种日期，细菌管置 30～35 ℃培养 18～24 h；真菌管一般置 23～28 ℃培养 24～48 h（黑曲霉需培养 5～7 d）。

（8）培养到期后取出培养物，仔细观察菌苔形态，是否正常，并与上代菌种比较，有无杂菌。必要时涂片，革兰氏染色镜检，呈典型菌落即可作为日常工作中使用的菌种。如发现菌苔形状不典型，可继续进行平板划线培养，分离单菌落，挑选典型菌苔接种于营养琼脂斜面上，代替原有的工作用菌种。

（9）检查合格的工作用菌种，放入冰箱内 2～8 ℃保存，一般 1 个月转种一次。

（10）将微生物接种至一新鲜培养基上/内，每萌发一次即称为一代。菌种传代次数（n）应不超过 4 代。

第六节　细菌 DNA 操作

一、细菌 DNA 的提取

快速碱裂解法少量提取质粒 DNA。

1. 试剂准备　溶液Ⅰ、溶液Ⅱ、溶液Ⅲ配制方法见第一章第四节。

分析纯酚：氯仿（24∶1）、异丙醇或无水乙醇。

2. 操作步骤

（1）按一环新鲜菌体于 5 mL 含适当抗生素的液体培养基，37 ℃摇床（200 r/min）培养过夜。

（2）取上述过夜培养液 1.5 mL 于灭菌 EP 管，12 000 r/min 离心 30 s，弃去上清液，收集菌体。

（3）将菌体均匀悬浮于 150 μL 溶液Ⅰ。

（4）加入 300 μL 溶液Ⅱ，轻轻颠倒混匀，冰置 5 min。

（5）加入冰冷的 225 μL 溶液Ⅲ，混匀，冰置 10 min。

（6）12 000 r/min 离心 10 min。

（7）吸取上清液到灭菌的 EP 管［可选：加入 1 μL RNA 酶（mg/mL），37 ℃水浴 30 min除去 RNA］。

（8）加等体积酚：氯仿（24：1），颠倒数次，12 000 r/min 离心 5 min。

（9）加等体积氯仿，颠倒数次，12 000 r/min 离心 5 min。

（10）加入等体积异丙醇或 2 倍体积无水乙醇，混匀，−20 ℃放置 30 min。

（11）12 000 r/min 离心 15 min 沉淀 DNA。

（12）弃去溶液，用 100 μL 75%乙醇洗 DNA 沉淀 2～3 次，室温静置干燥后溶于 30～50 μL H_2O 或 1×TE 中。

二、细菌 DNA 的酶切

1. DNA 酶切 DNA 酶切反应体积一般为 20 μL 或 30 μL，把酶切 DNA、双蒸水（ddH_2O）、1/10 体积酶切缓冲液混合均匀后，戴手套用新的无菌吸头加入 1 μL 限制性内切酶，混匀后，37 ℃ 保温 2 h（质粒）或过夜（总 DNA）。对于总 DNA 酶切，有时在第二天早上再加入 0.5 μL 酶后继续酶切 1～2 h。终止酶切反应采用热失活法，失活温度、时间视酶而定，有时用苯酚/氯仿抽提或保温后即电泳。

限制性酶切反应一般根据生产厂家所提供的方法进行，选用合适的酶切缓冲液，反应体积一般为 20～30 μL，酶浓度一般为每微克 DNA 用酶 1U，在 37 ℃放置 2 h（质粒）或过夜（总 DNA），在 70 ℃水浴 10 min 终止反应。酶切的结果通过琼脂糖凝胶电泳进行分析。

2. 细菌 DNA 的纯化和沉淀

（1）细菌 DNA 的纯化：一般用 Tris 饱和苯酚和苯酚/氯仿交替使用抽提 DNA 以除去溶液中蛋白质，即向 DNA 溶液中加入等体积的 Tris 饱和酚或苯酚/氯仿，反复颠倒离心管数十次以充分混匀有机相和水相后，离心分离两相，轻轻地吸取上层水相，可重复数次至看不见两相间的白色物为止，最后用氯仿抽提 1 次或 2 次除去溶液中可能残留的苯酚。对于 DNA 样品中存在的 RNA，一般是在加样缓冲液中加入 1/10 体积的 RNase（10 mg/mL），在结束 DNA 酶切反应之后，向 DNA 样品中加入 1/10 倍体积的这种加样缓冲液来进行电泳。有时在提取质粒和总 DNA 时，向粗提液中加入 RNase 到终浓度 10 μg/mL，37 ℃ 下水溶 30 min，再用上述方法去除蛋白质。

（2）细菌 DNA 的沉淀：一般用冰冻的无水乙醇沉淀 DNA，先向 DNA 溶液中加入 1/10 体积量的 3 mol/L 乙酸钠（pH 4.8），充分混匀后，再加入 2 倍体积的冰冻 100%乙醇，−20 ℃ 下放置 30 min 或−80 ℃放置 10 min，离心沉淀 DNA，如沉淀总 DNA，则不需低温放置。如果预计溶液 DNA 含量很低，在加入乙醇前加入 1～5 μL 肝糖原（glycogen）。如果 DNA 溶液体积大的话，则用 1 倍体积的冰冻异丙醇沉淀，室温放置 10 min。在提取质粒时用 0.6 倍异丙醇选择性地沉淀质粒 DNA。

3. DNA 电泳

（1）凝胶制备及电泳：采用琼脂糖凝胶进行 DNA 电泳。根据 DNA 片段的大小，采用不同浓度的凝胶，（一般为 0.7%～1.5%）。在 100 mL0.5×TBE 缓冲液中加入适量的琼脂糖，在微波炉中加热熔化，室温下冷却至 45 ℃左右，倒入已放置有塑料梳子的凝胶模具（有机玻璃胶槽）中，自然冷却 0.5 h，连同模具一起放入盛有 0.5×TBE 的电泳槽中，缓冲液超过胶面 1 mm 左右，取出样孔梳。将含有 1×Loading dye（上样示踪染料的一种）的 DNA 样品点入加样孔，电泳（一般电压为 1.5～8 V/cm）至溴酚蓝指示带位于凝胶的 2/3 处，然后将凝胶放入 0.5 μg/mL 的 EB（Ethidium bromide，溴化乙啶）染液（或其他核酸染液）中染色 15～20 min，水洗后在紫外灯下观察、照相。

DNA 电泳一般以 TBE 为熔胶缓冲液和电泳缓冲液，琼脂糖凝胶浓度一般为 0.7%～1.5%，若分离两个大小很接近的片段，则用 TAE 溶胶缓冲液。表 1－20 为凝胶浓度与 DNA 片段大小的关系。

表 1－20　凝胶浓度与 DNA 片段大小的关系

琼脂糖凝胶浓度（%）	线性 DNA 分子的有效分离范围（kb）
0.3	5～60
0.6	1～20
0.7	0.8～10
0.9	0.5～7
1.2	0.4～6
1.5	0.2～3

（2）DNA 片段浓度、大小测算：样品 DNA 浓度的测算是用已知浓度的 λ/HindⅢ或 pGEM－3zf（＋）作为对照和不同稀释度的样品 DNA 同时电泳，根据 DNA 带的亮度推算出 DNA 的大概浓度。

样品 DNA 片段大小测定是根据 Marker 的大小，进行两者的比较而得。

4. DNA 片段的回收　将样品 DNA 跑低熔点琼脂糖凝胶，染色后，紫外光下切下只含目的 DNA 的胶条，向胶条中加入 3 倍体积的 1×TE，65 ℃放置 10 min 以熔化凝胶，然后用 Tris 饱和苯酚抽提 1 次，苯酚/氯仿抽提 2 次，氯仿抽提 2 次后，用 100%乙醇沉淀 DNA。70%乙醇洗两次，室温干燥后，用一定体积的 1×TE 溶解 DNA。或用试剂盒回收所需的 DNA 片段。

5. DNA 连接　T4 DNA 连接酶可以催化连接双链 DNA 的 5－磷酸基和相邻核苷酸的 3－羟基。既可以连接黏性末端，也可以连接平头末端。在载体与外源片段连接时，Promega 提供的 T4 DNA 连接酶推荐使用 1∶1，1∶3 或 3∶1 的摩尔比，不同类型的载体，为了达到最高连接效率，二者的比率使用不同，计算摩尔比的公式如下：

$$\frac{\text{载体（ng）}\times\text{插入片段的大小（kb）}}{\text{载体的大小（kb）}}\times\text{摩尔比}\left(\frac{\text{插入片段}}{\text{载体}}\right)=\text{插入片段（ng）}$$

例如，3 kb 的载体与 0.5 kb 的插入片段按 1∶1 的连接比率，一般使用的载体 DNA 为 100～200 ng，在 EP 管中依次加入下列样品如表 1－21。

表 1－21　DNA 连接反应体系

成　分	用　量
载体 DNA	100 ng
外源 DNA	17 ng
10×Buffe	1 μL
T4DNA 连接酶	0.1～1 U
加 ddH_2O 至终体积	10 μL

室温放置 3 h，或 16 ℃ 4～8 h，或 4 ℃ 过夜。

连接反应完成后，电泳或转化，检测连接反应是否成功。

说明：连接酶为 Promega 公司提供的 T4 DNA 连接酶，它能催化连接双链 DNA 的 5′-磷酸基和相邻核苷酸的 3′-羟基。连接反应体积一般为 10～20 μL，载体与外源 DNA 分子数比为 1∶3 至 1∶6，反应系统中的 DNA 在 100～200 ng 之间。反应系统包括适量的载体、外源 DNA 片段，1/10 体积的 10 倍连接缓冲液，0.1 至 1 U 的 T4 DNA 连接酶，以双蒸无菌水补足反应体积。反应条件可根据不同的连接反应选择室温下放置 3 h 或 4 ℃过夜或 15 ℃ 14～18 h。

6. 质粒 DNA 的转化　在自然条件下，很多质粒都可通过细菌接合作用转移到新的宿主内，但在人工构建的质粒载体中，一般缺乏此种转移所必需的 mob 基因，因此不能自行完成从一个细胞到另一个细胞的接合转移。如需将质粒载体转移进受体细菌，需诱导受体细菌产生一种短暂的感受态以摄取外源 DNA。

（1）$CaCl_2$ 法：

① $CaCl_2$ 法 *E. coli* 感受态细胞快速制备。

A. 取一环 *E. coli* 菌泥，接种于 10 mL LB，37 ℃摇床培养过夜。

B. 取 1 mL 过夜培养液于盛有 100 mL LB 的三角瓶中，37 ℃摇床培养 2.5 h，放冰上冷却 10 min 到 0 ℃。

C. 将冷却菌液转入两个 50 mL 离心管，4 ℃ 4 000 r/min 离心 10 min，弃去上清液。

D. 将菌块重新悬浮于 100 mL 冰冷的 0.1 M $CaCl_2$ 中，冰浴 25 min 后，4 000 r/min 离心 10 min，弃去上清液。

E. 重复上一步一次。

F. 加少量含 10%甘油的 0.1 M $CaCl_2$ 溶液打散后，把两管合并成一管，并加足溶液至 50 mL，4 ℃ 4 000 r/min 离心 10 min，弃去上清液，留溶液约 500 μL，混匀后分装于 EP 管中，每个 EP 管 40 μL。

G. 将分装好的感受态细胞放－70 ℃冰箱保存。存放 12～24 h 转化效率最高。

注：所有操作须在冰上进行。

② 转化。

A. 从－70 ℃冰箱取出感受态细胞，置冰上融化（约 10 min）。

B. 加入待转化的质粒 DNA，体积不超过 25 μL，浓度不超过 0.1 μg DNA/100 μL 细胞悬液。

C. 混合后置冰浴 20 min。

D. 42 ℃水浴放置 45～50 s。

E. 放置冰上 1～2 min，加入 5 倍体积的 LB。

F. 37 ℃轻轻摇动 1～1.5 h。

G. 将所有菌液涂布在含相应抗生素的平板上于 37 ℃倒置培养过夜。

（2）电脉冲转化法：

① *E. coli* 电脉冲转化感受态细胞制备。

A. 接种一环 DH5α（Jm109，DE3 等）到 10 mL LB 培养基（含相应抗生素）中并于 37 ℃摇床培养过夜。

B. 第二天转接 1～5 mL 过夜培养物到 100 mL 新鲜的 LB 培养基中，继续摇床培养到

OD_{600}值约 0.6 时（约需 3 h）。

C. 将三角瓶转移到冰上放置 20 min，4 000 r/min 4 ℃离心 10 min 收集细胞。

D. 倒干净培养液，用 10%冰冷的灭菌甘油洗细胞 3 次，每次 100 mL，均匀悬浮，4 000 r/min 4 ℃离心 10 min 收集细胞。

E. 最后一次倒干净甘油液，用 300 μL 10%甘油重新悬浮细胞，按 40 μL 每份装在灭菌 EP 管中，置－80 ℃保存。

② 农杆菌电脉冲转化感受态细胞制备。

A. 接种一环农杆菌（EHA105/LBA4404）到 10 mL YEB 培养基（含相应抗生素）中并于 28 ℃摇床培养过夜。

B. 第二天转接 5 mL 过夜培养物到 100 mL 新鲜的 LB 培养基中，继续摇床培养到 OD_{600} 约为 0.6（约 7 h）时。

C. 将三角瓶转移到冰上放置 20 min，4 000 r/min 4 ℃离心 10 min 收集细胞。

D. 倒干净培养液，用 10%冰冷的灭菌甘油洗细胞 3 次，每次 100 mL，均匀悬浮，4 000 r/min 4 ℃离心 10 min 收集细胞。

E. 最后一次倒干净甘油液，用 300 μL 10%甘油重新悬浮细胞，按 40 μL 每份装在灭菌 EP 管中，置－80 ℃ 保存。

（3）电脉冲转化：

A. 打开电脉冲仪预热 5～10 min。

B. 将细胞置冰上融化，等细胞融化后加入 2 μL DNA（或 5 μL 连接液），混匀。

C. 将混有 DNA 的细胞加入置冰上的电脉冲杯内。

D. 将电脉冲仪调至相应参数（或预设程序），将电脉冲杯放入电击槽，按下电击键，数秒后电击完毕立即取出电脉冲杯并在 10 s 内加入 1 mL SOC 培养基。

E. 混匀后，转入离心管中，37 ℃缓慢振荡（125 r/min）培养 1 h 后，涂布到选择平板上（100 μL/平板），37 ℃ 倒置培养过夜。

注：如有火花产生，表明杯已击穿，转化失败。可能原因是加入 DNA 杂质多或离子强度太高等。

第七节 甘蔗 DNA 操作

一、甘蔗总 DNA 的提取

1. 实验材料 甘蔗细嫩组织（叶、茎、根），本实验以叶片为例。

2. 主要试剂 DNA 提取液、酚、氯仿、无水乙醇、75%乙醇等。

DNA 提取液配制如表 1－22。

表 1－22 DNA 提取液的配制

成 分	终浓度	母 液	配 50 mL	配 100 mL
Tris－HCl（pH 8.0）	200 mmol/L	2 mol/L	5 mL	10 mL
EDTA（pH 8.0）	50 mmol/L	0.5 mol/L	5 mL	10 mL

（续）

成　分	终浓度	母　液	配 50 mL	配 100 mL
NaCl	500 mmol/L	固体 NaCl	1.46 g	2.92 g
SDS	3%	10%	15 mL	30 mL
ddH_2O			定容至 50 mL	定容至 100 mL

3. 操作步骤

（1）取 0.2 克幼嫩甘蔗叶片，在液氮中研磨成粉末，加入 1.5 mL 预热至 65 ℃的 DNA 提取液，继续研磨混匀。

（2）将匀浆液转入 1.5 mL 离心管（能吸取约 1 mL 匀浆液）。

（3）65 ℃温浴 30 min，其间颠倒混匀 2 次；冰浴 5 min；12 000 r/min 离心 5 min。

（4）将上清转入 1.5 mL 离心管中，（可选：加入 1 μL10 mg/mL RNase 除 RNA）。

（5）加入等体积酚：氯仿：异戊醇（25：24：1）抽提一次；12 000 r/min 离心 5 min。

（6）将上清转入 1.5 mL 离心管中，加入等体积氯仿抽提一次；12 000 r/min 离心 5 min。

（7）加入等体积异丙醇或 2 倍体积无水乙醇，颠倒混匀，室温沉淀 10 min。

（8）12 000 r/min 离心 5 min。

（9）弃上清，用 75%酒精洗沉淀 1～2 次。

（10）加 40 μL 水或 TE 溶解，即为总 DNA 溶液。

二、甘蔗 DNA 的酶切、纯化、沉淀和电泳

参考第一章第六节细菌 DNA 操作。

第八节　甘蔗 RNA 操作

一、甘蔗总 RNA 的提取

1. 原理　Trizol 试剂的主要成分是苯酚。苯酚的主要作用是对细胞进行裂解，从而使细胞当中的蛋白质以及核酸物质解聚而得以释放。苯酚虽然可以有效地使蛋白质变性，但它不能完全抑制 RNA 酶的活性，因此 Trizol 中还加入了 8-羟基喹啉、异硫氰酸胍、β-巯基乙醇等来抑制内源和外源 RNase（即 RNA 酶）。

2. 实验材料　甘蔗细嫩组织（叶、茎、根），本操作说明以叶片为例。

3. 主要试剂　Trizol 提取液、氯仿、异丙醇、DEPC（焦碳酸二乙酯）处理水、酚、琼脂糖等。

4. 操作步骤

（1）取 50～100 mg 甘蔗+1 叶片在液氮中研磨成粉末，加入 1 mL Trizol 提取液，吹吸混匀。

（2）将 Trizol 快速转移至 1.5 mL 的离心管中，15～30 ℃下放置 5 min，以完全溶解核蛋白体。

(3) 4 ℃，12 000 r/min，离心 15 min。

(4) 吸取上清液于另一个 1.5 mL 离心管中，以 0.2 mL 氯仿：1 mL Trizol 提取液的比例加入 0.2 mL 新鲜的氯仿，充分振荡混匀 15 s，15～30 ℃ 下放置 2～3 min 后出现分层。

(5) 4 ℃，12 000 r/min，离心 15 min。

(6) 吸取上清液于另一个 1.5 mL 离心管中，注意不要吸到中间层的蛋白质沉淀，加入等体积预冷的异丙醇，15～30 ℃下放置 10 min 沉淀 RNA。

(7) 4 ℃，12 000 r/min，离心 10 min。

(8) 弃上清液，留沉淀，用 0.5～1 mL 75%的乙醇洗沉淀 2 次（每次在 4 ℃，12 000 r/min，离心 5 min）。

(9) 将沉淀晾干后溶于适量的 DEPC 处理水或去离子甲酰胺中，于－70 ℃ 保存（或－20 ℃短期贮存备用）。

(10) 取 1 μL RNA 样品在 1%琼脂糖凝胶进行电泳检测。

二、甘蔗总 RNA 的 DNase Ⅰ 处理

(1) 配制 DNA 酶切反应体系如表 1-23。

表 1-23　DNA 酶切反应体系

反应物	体积（μL）
10×DNase Ⅰ Buffer	5.0
RNase Inhibitor	2.0
DNase Ⅰ（RNase-free）(10 U)	2.0
Total RNA（DNA）	20.0

(2) 37 ℃水浴 20 min。

(3) 加入等体积的酚/氯仿/异戊醇（25：24：1），充分混匀。

(4) 4 ℃，12 000 r/min 离心 10 min，取上清。

(5) 加入 100 μL 冰无水乙醇，－20 ℃放置 10 min。

(6) 4 ℃，12 000 r/min 离心 10 min，弃上清。

(7) 加入 100 μL 冰 75%乙醇悬浮沉淀，4 ℃，12 000 r/min，离心 10 min，弃上清。

(8) 置于冷冻干燥机干燥沉淀物成粉末状后，加适量 1% DEPC 水溶解沉淀。

三、甘蔗总 RNA 浓度测定

1. 紫外分光光度法

(1) 先用稀释用的 TE 溶液将分光光度计调零。

(2) 然后取少量 RNA 溶液用 TE 缓冲液稀释（1：100）后，用分光光度计读取在 260 nm 和 280 nm 处的吸收值。

(3) A260 下读值为 1 表示 RNA 浓度为 40 μg/mL。样品 RNA 浓度（μg/mL）计算公

式为：A260×稀释倍数×40 μg/mL。比如，样品稀释 100 倍，测得 A260=0.21，则

$$RNA浓度=0.21\times100\times40\ \mu g/mL=840\ \mu g/mL$$

（4）RNA 纯度：RNA 溶液的 A260/A280 的比值即为 RNA 纯度，A260/A280 比值范围在 1.8～2.1 时表示纯度合格。

2. 变性琼脂糖凝胶电泳测定法

（1）试剂准备：10×MOPS 电泳缓冲液、0.4 mol/L MOPS（pH 7.0）、0.1 mol/L 乙酸钠、0.01 mol/L EDTA、37%甲醛溶液（12.3 mol/L）。

（2）制胶：取 1 g 琼脂糖溶于 72 mL 沸水中，冷却至 60 ℃，加 10 mL 的 10×MOPS 电泳缓冲液和 18 mL 的 37%甲醛溶液。

（3）灌制凝胶板：待胶冷凝后取下梳子，将凝胶板放入电泳槽内，加足量的 1×MOPS 电泳缓冲液至覆盖过胶面约几毫米即可。

（4）电泳前样品准备：3 μg RNA，加 3 倍体积的甲醛上样染液，加 EB 于甲醛上样染液中至终浓度为 10 μg/mL。加热至 70 ℃孵育 15 min 使样品变性。

（5）电泳：上样前凝胶预电泳 5 min，随后将样品加入上样孔。5～6 V/cm 电压下 2 h，电泳至溴酚蓝指示剂进胶至少 2～3 cm。

（6）紫外透射光下观察并拍照：28S 和 18S rRNA 的条带非常亮而浓，上面一条带的密度大约是下面一条带的 2 倍。还有可能观察到一个更小稍微扩散的带，它由低分子量的 RNA（tRNA 和 5S rRNA）组成。在 28S rRNA 和 18S rRNA 带之间可以看到一片弥散的 EB 染色物质，可能是由 mRNA 和其他异型 RNA 组成。RNA 制备过程中如果出现 DNA 污染，将会在 28S rRNA 带的上面出现，即更高分子量的弥散迁移物质或者带，RNA 的降解表现为 rRNA 带的弥散。用数码照相机拍下电泳结果。

四、甘蔗总 RNA 反转录反应

（1）在冰上于 200 μL 离心管准备以下混合液如表 1-24。

表 1-24　RNA 反转录反应体系

模版：总 RNA	0.1～5 μg
或 poly（A）+RNA	10 ng 至 0.5 μg
引物 primer	
oligo（dT）primer（0.5 μg/μL）	1 μL
或 random hexamer primer（0.2 μg/μL）	1 μL
加 DEPC 水加至 12 μL	12 μL

轻轻混合后用微型离心机离心 3～5 s。

（2）70 ℃温育 5 min，立即置冰上冷却，离心数秒，使模版 RNA/引物等的混合液聚集于离心管底部。

（3）将离心管置于冰上，加入以下反转录反应液如表 1-25。

表 1-25　反转录反应液的组成

5× reaction buffer（反应缓冲液）	4 μL
RiboLock™ Ribonuclease Inhibitor（核糖核酸酶抑制剂）(20 U/μL)	1 μL
10 mmol/L dNTP mix	2 μL

轻轻混合后用微型离心机离心 3～5 s。

(4) 37 ℃温育 5 min，(如果使用的是随机引物，则 25 ℃孵育 5 min)。

(5) 加反转录酶 RevertAid™ M-MuLV M-MuLV (200 U/μL) 1 μL 至终体积 20 μL。

(6) 42 ℃下 60 min，(如果使用随机引物，需先 25 ℃孵育 10 min，再在 42 ℃下 60 min)。

(7) 加热到 70 ℃ 10 min 终止反应，然后冰上冷却。

第九节　聚合酶链反应（PCR）

聚合酶链反应（PCR）是利用一段 DNA 为模板，在 DNA 聚合酶和核苷酸底物共同参与下，将该段 DNA 扩增至足够数量。PCR 技术的基本原理类似于 DNA 的天然复制过程，其特异性依赖于与靶序列两端互补的寡核苷酸引物。PCR 是用于扩增位于两段已知序列之间的 DNA 片段，类似于天然 DNA 的复制过程。以拟扩增的 DNA 分子为模板，以一对分别与模板 5′末端和 3′末端互补的寡核苷酸片段为引物，在 DNA 聚合酶的作用下，按照半保留复制的机制沿着模板链延伸直至完成新的 DNA 合成，重复这一过程，即可使目的 DNA 片段得到扩增。

PCR 是一种用于放大扩增特定的 DNA 片段的分子生物学技术。其最大特点是能将微量的 DNA 快速大幅增加，以便进行结构和功能分析。这项技术有效地解决了因为样品中 DNA 含量太低而难以对样品进行分析研究的问题，被广泛地应用于遗传疾病的诊断、刑侦破案、基因克隆和 DNA 序列测定等各方面。PCR 检测方法在植物病害快速诊断等研究中发挥极其重要的作用。

一、普通 PCR

1. 反应体系　如表 1-26。

表 1-26　PCR 反应体系

成　分	体积 (μL)	体积 (μL)
10×Buffer	5	2
50% Glycerol（甘油）	5	2
dNTP（各 2.5 mmol/L）	4	1.6
Primer-1（12.5 nmol/L）	2	0.8
Primer-2（12.5 nmol/L）	2	0.8

（续）

成　　分	体积（μL）	体积（μL）
Taq 聚合酶（5 U/μL）	0.5	0.2
Template（基因组 DNA）	5	2
ddH_2O	26.5	10.6
	50 μL（总体积）	20 μL（总体积）

2. 反应条件 如表 1-27。

表 1-27 PCR 反应条件

循环数	温度条件（温度、时间）
1	95 ℃，3 min
30	95 ℃ 30 s，40～60 ℃，30 s，72 ℃，3 min
1	72 ℃，5 min
	4 ℃保温

PCR 扩增产物用 0.7%～1.5%琼脂糖凝胶电泳检测。参照第一章：第六节细菌 DNA 操作：2.4 DNA 电泳。

3. PCR 扩增产物回收 参考第一章：第六节 细菌 DNA 操作：2.5 DNA 片段的回收。

PCR 扩增产物用 0.8%琼脂糖凝胶电泳，染色后，紫外灯下切下所需 PCR 扩增产物，用试剂盒回收所需片段。将回收产物溶于 30 μL TE 缓冲液中，备用。同时取 1 μL 回收产物进行凝胶电泳检测回收产物的浓度。

二、温度不对称嵌套 PCR（TAIL-PCR）

1. 原理 TAIL-PCR，即温度不对称嵌套 PCR，是一种分离与已知序列相邻的未知目的片段的高效技术。它利用一套嵌套式特异性引物（SP）和一个短的任意简并引物（DP），由于特异引物长，Tm 值高，简并引物较短，Tm 值低，因此通过温度调控，高严紧性 PCR 循环与低严紧性 PCR 循环交互进行，可使目的序列优先于非目的片段扩增出来。其间，既不需 PCR 前的特殊操作，也不需 PCR 后的繁杂操作，获产物纯度高，可直接用作杂交的探针和测序的模板。

TAIL-PCR 的程序和原理如图 1-1。

2. 简并引物设计

（1）简并引物设计方法

① 利用 NCBI 搜索不同物种中同一目的基因的蛋白质或 cDNA 编码的氨基酸序列。因为密码子的关系，不同的核苷酸序列可能表达的氨基酸序列是相同的，所以氨基酸序列才是真正保守的。首先利用 NCBI 的 Entrez 检索系统，查找到一条相关序列即可。随后利用这一序列使用 BLASTP（通过蛋白查蛋白），在整个 NR 数据库中查找与之相似的氨基酸序列。

② 将搜索到的同一基因的不同氨基酸序列进行多序列比对，可选工具有 Clustal W/X，也可在线分析。所有序列的共有部分将会显示出来。“*”表示保守，“:”表示次保守。

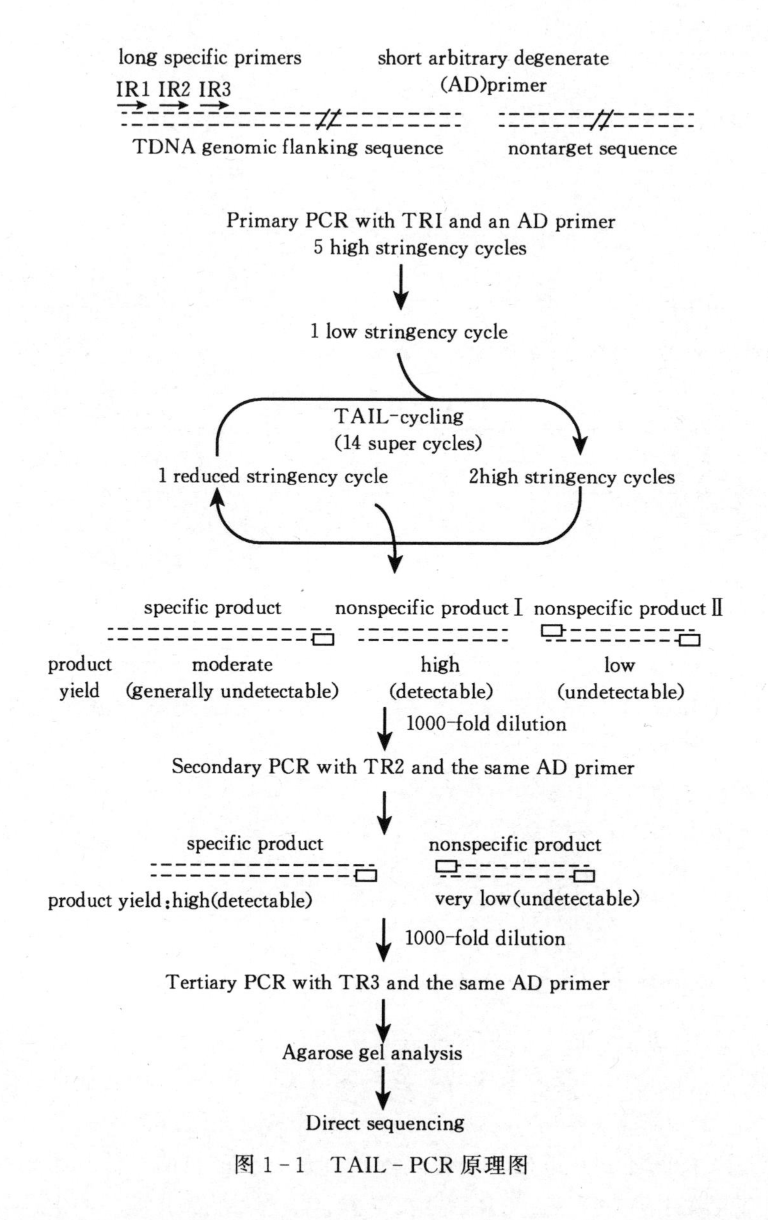

图 1-1　TAIL-PCR 原理图

③ 确定合适的保守区域设计简并引物至少需要上下游各有一个保守区域，且两个保守区域相距 50～400 个氨基酸残基为宜，使得 PCR 产物在 150～1 200 bp 之间，最重要的是每一个保守区域至少有 6 个氨基酸的保守区，因为每条引物至少 18 bp 左右。若比对结果保守性不是很强很可能找不到 6 个氨基酸序列的保守区，这时可以根据物种的亲缘关系，选择亲缘关系近的物种进行二次比对，若保守性仍达不到要求，则需进行三次比对，总之，究竟要选多少序列来比对，要根据前一次的结果反复调整。最终目的就是有两个 6 个氨基酸且两者间距离合适的保守区域。

④ 得到保守区域后，利用软件进行设计引物，其中 Primer5.0 支持简并引物的设计，将参与多序列比对的序列中的任一条导入 Primer5.0 中，将其翻译成核苷酸序列，该序列群可用一条有简并性的核苷酸链来表示（其中 R=A/G，Y=C/T，M=A/C，K=G/T，S=

C/G，W=A/C/T，B=C/G/T，V=A/C/G，D=A/G/T，N=A/C/G/T，该具有简并性的核苷酸链必然包含上一步中找到的氨基酸保守区域的对应部分，在 Primer5.0 中修改参数，令其在两个距离合适的保守的 nt 区域内寻找引物对，总之要保证上下游引物都落在该简并链的保守区域内，结果分数越高越好。

⑤ 对引物的修饰，若得到的引物为：5-NAGSGNGCDTTANCABK-3

则简并度=4×2×4×3×4×3×2=2 304，很明显该条引物的简并度很高不利于 PCR，可以通过次黄嘌呤代替 N（因为次黄嘌呤可以很好地和 4 种碱基配对）和根据物种密码子偏好这两种方法来降低简并度。这样设计出来的简并引物对，适用于比对的氨基酸序列所属物种及与这些物种分类地位相同的其他物种。

（2）简并引物设计原则：总的原则为尽量降低引物的简并度，尤其在 3′末端或近 3′末端。

① 尽量选择简并度低的氨基酸区域为引物设计区，如蛋氨酸和色氨酸仅有一个密码子。

② 充分注意物种对密码子的偏好性，选择该物种使用频率高的密码子，以降低引物的简并性。

③ 引物不要终止于简并碱基，对大多数氨基酸残基来说，意味着引物的 3 末端不要位于密码子的第三位。

④ 在简并度低的位置，可用次黄嘌呤（dI）代替简并碱基。

3. 反应体系与反应条件

（1）一级反应：

① 反应混合液如表 1-28。

表 1-28　一级反应混合液

试　　剂	体积（μL）
ddH_2O	12.9
10×PCR buffer	2.0
dNTP mixture（2.5 mmol/L each）	1.6
SP_1（20 μmol/L）	1.0
DP_2（20 μmol/L）	1.0
TempLate	1.0
Ex Taq（U/μL）	0.5
	20.0（总体积）

② 反应条件如表 1-29。

表 1-29　一级反应条件

循环数	反应条件（温度、时间）
1	95 ℃ 1 min
5	94 ℃ 15 s，63 ℃ 1 min，72 ℃ 2 min
1	94 ℃ 15 s，30 ℃ 3 min，ramping to72 ℃ 3 min，72 ℃ 2 min

（续）

循环数	反应条件（温度、时间）
10	94 ℃ 5 s，44 ℃ 1 min，72 ℃ 2 min
12	94 ℃ 5 s，63 ℃ 1 min，72 ℃ 2 min
	94 ℃ 5 s，63 ℃ 1 min，72 ℃ 2 min
	94 ℃ 5 s，44 ℃ 1 min，72 ℃ 2 min
1	72 ℃ 5 min， 4 ℃ 保温

（2）二级反应如表 1－30 和表 1－31。

表 1－30　二级反应混合液

试　剂	体积（μL）
ddH_2O	12.9
10×PCR buffer	2.0
dNTP mixture（2.5 mmol/L each）	1.6
SP_2（20 μmol/L）	1.0
DP_2（20 μmol/L）	1.0
Template（一级反应液稀释 100 倍）	1.0
Ex Taq（3 U/μL）	0.5
总体积	20.0

表 1－31　二级反应条件

循环数	反应条件（温度、时间）
1	95 ℃ 1 min
10	94 ℃ 5 s，63 ℃ 1 min，72 ℃ 2 min
	94 ℃（5 s），63 ℃ 1 min，72 ℃ 2 min
	94 ℃（5 s），44 ℃ 1 min，72 ℃ 2 min
1	72 ℃（5 min） 4 ℃保温

（3）三级反应如表 1－32 和表 1－33。

表 1－32　三级反应混合液

试　剂	体积（μL）
ddH_2O	12.9
10×PCR buffer	2.0
dNTP mixture（2.5 mmol/L each）	1.6

（续）

试　　剂	体积（μL）
SP_3（20 μmol/L）	1.0
DP_2（20 μmol/L）	1.0
Template（二级反应液稀释 100 倍）	1.0
Ex Taq（3 U/μL）	0.5
	20.0（总体积）

表 1-33　三级反应条件

循环数	反应条件（温度、时间）
1	95 ℃ 1 min
20	94 ℃ 10 s，44 ℃ 1 min，72 ℃ 2 min
1	72 ℃ 5 min 4 ℃保温

三、实时定量 PCR（QRT-PCR）

实时定量 PCR（Quantitative Real-time PCR，QRT-PCR），是指在 PCR 反应体系中加入荧光基团，利用荧光信号积累实时监测整个 PCR 进程，最后通过标准曲线对未知模板进行定量分析的方法。通过内参或者外参法对待测样品中的特定 DNA 序列进行定量分析的方法。

在实时荧光定量 PCR 技术中 Ct 值的含义为：每个反应管内的荧光信号到达设定的阈值时所经历的循环数，C 代表 cycle，t 代表 threshold。由于在 PCR 扩增的指数时期，模板的 Ct 值和该模板的起始拷贝数存在线性关系，所以成为定量的依据。

1. 总 RNA 提取　参考第一章第八节 甘蔗总 RNA 的提取。

2. 反转录反应　参考第一章第八节四、甘蔗总 RNA 反转录反应。

3. 实时 PCR 反应

（1）一般选用甘蔗 GAPDH（EF189713）基因作为内参。

参考引物序列：F-CTTGCCAAGGTCATCCATG，R-CAGTGATGGCATGAACAGTTG。

（2）按表 1-34 组分配制 PCR 反应液（反应液配制请在冰上进行）。

表 1-34　PCR 反应液

试　　剂	体积（μL）	终浓度
SYBR® Premix Ex Taq™（2×）	12.5	1×
PCR Forward Primer（10 μmol/L）	1.0	0.4 μmol/L
PCR Reverse Primer（10 μmol/L）	1.0	0.4 μmol/L
模板（cDNA）	0.5	
ddH_2O	10.0	
	25.0（总体积）	

(3) 实时荧光定量 PCR 的反应条件如表 1-35。

1-35　实时荧光定量 PCR 的反应条件

循环数	反应条件（温度、时间）
1	95 ℃ 3 min
45	94 ℃ 30 s，57 ℃ 15 s，72 ℃ 20 s
1	72 ℃ 5 min 4 ℃ 保温

第十节　蛋白质实验技术

一、甘蔗总蛋白质的提取

实验步骤

(1) 取 0.5 g 样品，用液氮研磨后转入离心管中，加入 1.5 mL 预冷的提取液中 [含 10%三氯乙酸和 0.07% DTT (Dithiothreitol，二硫苏糖醇) 的丙酮溶液]，摇匀并放在 4 ℃ 条件下提取 1 h，充分溶解蛋白质。

(2) 4 ℃，10 000 r/min 离心 30 min，弃沉淀。

(3) 上清液在−20 ℃下放置 2 h，让蛋白质充分沉淀。

(4) 4 ℃，10 000 r/min 离心 30 min，弃上清。蛋白质沉淀重悬于 1.5 mL 上述预冷的提取液中。放置−20 ℃下 2 h，让蛋白质充分沉淀。

(5) 重复步骤 (4) 3 次以充分纯化蛋白质。

(6) 纯化的蛋白质沉淀直接低温保存或溶于适量缓冲液中。

二、甘蔗总蛋白质的 SDS-PAGE 电泳

1. 原理　十二烷基硫酸钠聚丙烯酰胺凝胶电泳 (SDS-PAGE) 是聚丙烯酰胺凝胶电泳中最常用的一种蛋白表达分析技术。此技术是根据 SDS 可消除电泳中蛋白质的电荷因素，蛋白质其在电泳胶中分离完全取决于分子量的大小，因此，SDS-PAGE 电泳技术可以测定蛋白质的相对分子质量。电泳样品加入样品处理液后，经过高温处理，其目的是将 SDS 与蛋白质充分结合，以使蛋白质完全变性和解聚，并形成棒状结构同时使整个蛋白带上负电荷；另外样品处理液中通常还加入溴酚蓝染料，用于显示整个电泳过程；另外样品处理液中还加入适量的蔗糖或甘油以增大溶液密度，使加样时样品溶液可以快速沉入样品凹槽底部。当样品上样并接通两极间电流后 (电泳槽的上方为负极，下方为正极)，在凝胶中形成移动界面并带动凝胶中所含 SDS 负电荷的多肽复合物向正极推进。样品首先通过高度多孔性的浓缩胶，使样品中所含 SDS 多肽复合物在分离胶表面聚集成一条很薄的区带 (或称积层)。电泳启动时，蛋白样品处于 pH 6.8 的上层，pH 8.8 的分离胶层在下层，上槽为负极，下槽为正极。出现了 pH 不连续和胶孔径大小不连续，因此不同的蛋白质就浓缩到分离胶之上成层，起浓缩效应，使全部蛋白质处于同一起跑线上 (表 1-36)。

表 1-36　SDS 聚丙烯酰胺凝胶的分离范围

凝胶浓度（%）	蛋白质范围（kDa）
15	10～43
12	12～60
10	20～80
7.5	36～94
5.0	57～212

当蛋白质进入分离胶时，由于胶孔径小，而且成为一个整体的筛状结构，它们对大分子阻力大，小分子阻力小，起着分子筛效应，也就是蛋白质在分离胶中，以分子筛效应和电荷效应而出现迁移率的差异，最终达到彼此分开。

2. 主要试剂

30%丙烯酰胺（W/V）：丙烯酰胺 29.2 g，N-N-甲叉双丙烯酰胺 0.8 g，加入去离子水定容至 100 mL，pH 不能超过 7.0，过滤于棕色玻璃瓶中 4 ℃贮存。

分离胶缓冲液（1.5 mol/L）：Tris 18.17 g，加双蒸水溶解，用 6 mol/L HCl 调 pH 8.8，定容 100 mL。4 ℃冰箱保存。

浓缩胶缓冲液（0.5 mol/L）：Tris 6.06 g，加水溶解，用 6 mol/L HCl 调 pH 6.8，并定容到 100 mL。4 ℃冰箱保存。

电极缓冲液（pH 8.3）：SDS1 g，Tris 3 g，Gly14.4 g，加双蒸水溶解并定容到 1 000 mL。4 ℃冰箱保存。

10%SDS：10 g SDS 溶于去离子水中，加热至 68 ℃助溶，定容至 100 mL。

10%过硫酸铵（AP）：5 g 过硫酸铵，溶于 50 mL 去离子水中。现配现用或分装至 0.5 mL 离心管中冷冻备用。

TEMED（N-N-N′-N′-四甲基乙二胺）原液，低温保存。

上样缓冲液：5 mol/L Tris-HCl（pH 6.8）1.25 mL，甘油 2 mL，10% SDS 2 mL，β-巯基乙醇 1 mL，0.1%溴酚蓝 0.5 mL，加蒸馏水定容至 10 mL。

考马斯亮蓝 R-250 染色液（1 L）：1 g 考马斯亮蓝 R-250，加入 450 mL 甲醇，100 mL 冰醋酸，加水定容至 1 000 mL。

脱色液（1 L）：100 mL 甲醇，100 mL 冰醋酸，加水定容至 1 000 mL。

注意：丙烯酰胺具有很强的神经毒性并可以通过皮肤吸收，其作用具累积性。称量丙烯酰胺和亚甲双丙烯酰胺（N，N′-MethyLenebisacryLamide）时应戴手套和面具。聚丙烯酰胺无毒，但也应谨慎操作，因为它还可能会含有少量未聚合材料。

3. SDS-PAGE 电泳操作步骤

（1）清洗玻璃板：一只手扣紧玻璃板，另一只手蘸点洗衣粉轻轻擦洗。两面都擦洗过后用自来水冲，再用蒸馏水冲洗干净后立在筐里晾干。

（2）分制备离胶和浓缩胶：按表 1-37 中溶液的顺序及比例，配制 12%分离胶和 5.1%浓缩胶。

表 1-37　备离胶和浓缩胶的配制组成

试剂名称	12%分离胶	5.1%浓缩胶
30%凝胶贮备液（mL）	14	2
分离胶缓液（pH 8.8）(mL)	8.75	0.0
浓缩胶缓冲液（pH 6.8）(mL)	0.0	3
双蒸水（mL）	12.25	6.9
10%过硫酸铵（μL）	175	100
TEMED（μL）	15	10
总体积	35 mL（可制 8 块胶）	12 mL（可制 8 块胶）

注：*分离胶与浓缩胶的浓度计算公式*：$A\% \times Va/V$ *总*$=C$，$A\%$ *为凝胶贮备液的浓度*（30%），Va *为所用凝胶贮备液的体积*（mL），V *总为总体积*（mL）。*例如，上表的* 12% *分离胶的计算公式是*：$0.3 \times 14/35 = 12\%$

（3）灌胶与上样：玻璃板对齐后放入夹中卡紧，然后垂直卡在架子上准备灌胶。（操作时要使两玻璃对齐，以免漏胶。）

配 12%分离胶，加入 TEMED 后立即摇匀即可灌胶。灌胶时，可用 1 mL 移液器吸取适量的胶沿玻璃流下，这样胶中才不会有气泡。待胶面升到绿带中间线高度时即可。然后胶上加一层水，加水液封时要很慢，否则胶会被冲变形，液封后的胶凝凝结更快。当水和胶之间有一条折射线时，说明胶已凝了，可倒去胶上层水并用吸水纸将水吸干。

配 5.1%的浓缩胶，加入 TEMED 后立即摇匀即可灌胶。将剩余空间灌满浓缩胶然后将梳子插入浓缩胶中。灌胶时也要使胶沿玻璃板流下以免胶中有气泡产生。插梳子时要使梳子保持水平。由于胶凝固时体积会收缩减小，从而使加样孔的上样体积减小，所以在浓缩胶凝固的过程中要经常在两边补胶。待到浓缩胶凝固后，两手分别捏住梳子的两边竖直向上轻轻将其拔出。用水冲洗一下浓缩胶，将其放入电泳槽中。

测完蛋白含量后，计算含 50 μg 蛋白的溶液体积即为上样量。取出上样样品至 0.5 mL 离心管中，加入 5×SDS 上样缓冲液至终浓度为 1×。上样总体积一般不超过 15 μL，加样孔的最大限度可加 20 μL 样品。上样前要将样品于沸水中煮 5 min 使蛋白变性。

用 20 μL 枪头贴壁吸取样品，将样品吸出不要吸进气泡。将枪头插至加样孔中缓慢加入样品。加入下一个样品时，把枪头在外槽电泳缓冲液中洗涤 3 次，以免交叉污染。

（4）电泳：加样完毕，盖好上盖，连接电泳仪，打开电泳仪开关后，样品进胶前电压控制在 100～200 V，15～20 min；样品中的溴酚蓝指示剂到达分离胶之后，电压升到 200 V，电泳过程保持电压稳定。当溴酚蓝指示剂迁移到距前沿 1～2 cm 处即停止电泳，约 0.5～1 h。

（5）染色、脱色：电泳结束后，关掉电源，取出玻璃板，在长短两块玻璃板下角空隙内，用刀轻轻撬动，即将胶面与一块玻璃板分开，然后轻轻将胶片托起，放入大培养皿中染色，使用 0.25%的考马斯亮蓝染液，染色 2～4 h，必要时可过夜。弃去染色液，用蒸馏水把胶面漂洗几次，然后加入脱色液，进行扩散脱色，经常换脱色液，直至蛋白质带清晰为止。

第十一节　分子杂交技术

分子杂交是证明外源基因在植物染色体上整合的最可靠的方法，只有经分子杂交鉴定，才能确定转基因植物的真假阳性。利用 Northern 杂交来可以检测不同植物生长发育阶段和不同的组织部位相关基因的表达情况。分子杂交鉴定包括两大内容，一是核酸分子杂交，其中又包括 Southern 杂交及 Northern 杂交。二是蛋白质分子“杂交”，即 Western 杂交。

核酸分子杂交是指非同一分子来源但具有互补序列（或某一区段互补）的两条多核苷酸链，通过 Watson - Crick 碱基配对形成稳定的双链分子的过程。若其中的一条链被人为标记上，该标记可以通过某种特定方法检出，即成为所谓的探针。

探针与其互补的核苷酸序列杂交后，杂交体也就带上了同样标记，可被检测出来。这样，以特定的已知核酸序列做探针，就可以在诸多的核苷酸序列中，通过杂交探测出与其互补的序列，因而分子杂交是进行核酸序列分析、重组子鉴定及检测外源基因整合及表达的强有力的重要手段。它具有灵敏性高、特异性强（可鉴别出 20bp 左右的同源序列）的特点，是当前鉴定外源基因整合及表达的权威方法。

分子杂交可以在液相及固相中进行。目前实验室中广泛采用的是在固相膜上进行的固一液杂交。根据杂交时所用的具体方法，核酸分子杂交又可分为印迹杂交、斑点（dot）杂交、狭槽（slot）杂交和细胞原位（in situ）杂交等。印迹杂交是一种将核酸凝胶电泳、印迹技术、分子杂交融为一体的方法。分子杂交的实验涉及三大内容，即制备杂交探针；制备被检的核酸或蛋白质样品（或标本）；印迹及杂交。

一、Southern 杂交

1. 实验目的　学习核酸杂交的基本过程和操作。

2. 实验原理　将待检测的 DNA 分子用限制性内切酶消化后，通过琼脂糖凝胶电泳进行分离，继而将其变性并按其在凝胶中的位置转移到硝酸纤维素薄膜或尼龙膜上，固定后再与同位素或其他标记物标记的 DNA 或 RNA 探针进行反应。如果待检物中含有与探针互补的序列，则二者通过碱基互补的原理进行结合，游离探针洗涤后用自显影或其他合适的技术进行检测，从而显示出待检的片段及其相对大小。

用途：检测样品中的 DNA 及其含量，了解基因的状态，如是否有点突变、扩增重排等。

3. 器材及试剂

（1）器材：搪瓷盘、台式离心机、恒温水浴锅、电泳仪、水平电泳槽、杂交炉、杂交袋、尼龙膜或硝酸纤维素膜、转印迹装置、滤纸、吸水纸、紫外交联仪、摇床、X 线胶片。

（2）试剂：限制性内切酶、DNA 加样缓冲液、DNA Ladder Marker、0.25 mol/L HCl、变性液（0.5 mol/L NaOH，1.5 mol/L NaCl）、中和液（0.5 mol/L Tris - HCl pH 7.5，3 mol/L NaCl）、转印迹液 SSC（3 mol/L NaCl，0.3 mol/L 柠檬酸钠，pH 7.0）、标记探针、20×SSC、预杂交液和杂交液、2×洗液（2×SSC，0.1% SDS）、2×洗液（0.5×SSC，0.1%SDS）、1×缓冲洗液（washing buffer）（0.1 mol/L 马来酸，0.15 mol/L NaCl，pH

7.5，0.3% Tween20）、1×封阻液（blocking buffer）[1%（W/V）封阻剂溶于1×马来酸溶液（0.1 mol/L马来酸，0.15 mol/L NaCl，pH 7.5）]、1×检测液（detection buffer）0.1 mol/L Tris-HCl，0.1 mol/L NaCl，pH 7.5）、抗—地高辛—碱性磷酸酶。

4. 实验步骤

（1）制备DNA分子（PCR）。

（2）琼脂糖凝胶电泳分离DNA。

（3）电泳结束后，将胶小心从电泳槽中取出，用手术刀将胶中没有DNA样品的四周略做修剪，然后将胶放入0.25 mol/L HCl中脱嘌呤，当胶中的溴酚蓝变为黄色时取出。

（4）将胶从HCl溶液中取出，用dd H_2O洗两次，然后放入0.5 mol/L NaOH碱变性液中处理45 min，使胶中的ds-DNA变为ss-DNA。

（5）取一个瓷盘，注入10×SSC，横跨窄边架上一块玻璃板，在玻璃板上铺2层30 cm×10 cm滤纸，纸条长两侧渗伸入10×SSC中。

（6）将胶底朝上放在滤纸上。

（7）裁剪与胶同样大小的尼龙膜平铺到胶上。

（8）用塑料布盖住尼龙膜四周，裁与尼龙膜同样大小的滤纸一张，铺在尼龙膜上。

（9）叠5～8 cm厚的吸水纸，再压一重物，放置过夜。

（10）转印结束后，将尼龙膜切角做记号，放到一张滤纸上，紫外交联30 s。

（11）预杂交：将尼龙膜放入到杂交管中，倒入预杂交液，在杂交炉上42 ℃，低速转动1 h。

（12）杂交：弃预杂交液，往管中导入杂交管液，42 ℃，6～20 h。

（13）回收杂交液冻存，往管中加入50 mL 2×SSC/01 %SDS溶液洗5 min，重复一次。

（14）往杂交管中加入66 ℃预热的50 mL 0.5×SSC/0.1 %SDS溶液，66 ℃洗涤30 min，重复一次。

（15）收集洗液，加入缓冲洗液浸泡5 min。

（16）加入100 mL封阻液，室温，1 h。

（17）倒掉杂交管中的封阻液，加入抗体溶液，25 ℃，温育1 h。

（18）加入500 mL缓冲洗液，浸洗2 h。

（19）将尼龙膜从杂交管中取出，放入盛有检测液（pH 9.5）的大培养皿中，浸泡5 min。

（20）将尼龙膜铺到一张大保鲜膜上，均匀滴加800 μL CSPD（碱性磷酸酶的化学发光底物）溶液，将另一侧的尼龙膜平整地覆盖到膜上，轻轻挤走气泡。37 ℃，温育10 min。

（21）将尼龙膜铺到暗匣中，在暗室中压上X光胶片，压片2 h。

（22）洗片：暗室中，将胶片依次放入显影液3 min，定影液1 min。然后用自来水将胶片充分涮洗后晾干。

二、Northern杂交

1. 实验目的 通过本实验学习Northern Blotting基本原理，学习掌握Northern杂交的基本实验步骤和检测方法。

在转录水平上研究和了解基因的表达与调控是基因工程操作的重要内容。利用Northern

杂交可以检测不同生长发育阶段和不同的组织部位相关基因的表达情况。

Northern 杂交可以测定总 RNA 或 poly（A）$^{+}$RNA 中特定 mRNA 分子的大小和表达丰度，RNA 分子在变性琼脂糖凝胶中电泳，按其分子的大小分开，然后将 RNA 转至尼龙膜或硝酸纤维素膜上，经过自外交联固定，用探针与之杂交，经显影后可以得到待测基因 RNA 表达水平的情况。

2. 实验原理　Northern 杂交是以 DNA 或 RNA 为探针，检测 RNA 链，用于外源基因转录产物特异 mRNA 的检测。整合到植物染色体上的外源基因如果能正常表达，在转化植株细胞内将有其转录产物——特异 mRNA 生成。将提取的植物总 RNA 或 mRNA 用变性凝胶电泳分离，不同的 RNA 分子将按分子量大小依次排布在凝胶上，将它们原位转移到固相膜上，在适宜的离子强度及温度下，探针与膜上同源序列杂交，形成 RNA－DNA 杂交双链。

通过探针的标记性质可以检出杂交体。根据杂交体在膜上的位置可分析出杂交 RNA 的大小。若经杂交后样品中无杂交带出现，表明虽然外源基因已经整合到植物细胞染色体上，但在该取材部位及生理状态下该基因并未有效表达。

3. 器材及试剂

（1）器材：移液器、tip 头、tip 头盒、掌型离心机、水浴摇床、X－光片、暗室、摇床、杂交袋、3M 滤纸、普通滤纸、尼龙膜、托盘、玻璃板、封口膜、1 000 g 重物、吸水纸、暗盒、保鲜膜、手术刀片、刀柄、水平凝胶电泳槽、稳压电泳仪、微波炉、紫外凝胶成像系统。

（2）试剂：

① 20×SSC（标准柠檬酸钠盐）：在 800 mL 水中溶解 175.3 g NaCl，88.2 g 柠檬酸钠，用 HCl 调节 pH 至 7.0，加水定容至 1 L。高压灭菌。

② 5×Buffer Ⅰ（pH 7.5）：0.5 mol/L maleic acid（马来酸），0.75 mol/L NaCl。

③ Buffer Ⅱ：10%（*W*/*V*）Blocking。

④ Buffer Ⅲ（pH 9.5）：0.1 mol/L Tris，0.1 mol/L 氯化钠。

⑤ 预杂交液：7%（*W*/*V*）SDS；50 mmol/L 磷酸钠（pH 7.0）；2%（*W*/*V*）Blocking；5×SSC；50%（*V*/*V*）甲酰胺。

⑥ 0.1%（*W*/*V*）Sodium N－lauroyl sarcoine（N－月桂酰肌氨酸钠）。

⑦ 10%（*W*/*V*）Blocking：用 Buffer Ⅰ 配制。

⑧ 鲑精 DNA（10 mg/mL）；显影液；定影液。

4. 实验步骤

（1）对提取的总 RNA 进行含量测定。

（2）根据测定值进行浓度调整。调总 RNA 浓度至 1 μg/μL。

（3）制备大板胶。用 15 μg 样品进行甲醛变性胶电泳（0.7%琼脂糖凝胶），电压为 50 V，电泳时间为 5 h。

（4）紫外凝胶成像检测电泳效果。

（5）将电泳好的胶，切去上样孔和边缘至合适大小。

（6）往托盘中加入 20×SSC，放置支持物（图 1－2），在支持物上搭建滤纸桥，滤纸桥两端浸于 20×SSC 中。滤纸桥用 20×SSC 润湿。赶气泡。

（7）小心地将电泳胶背面向上置于搭建的滤纸桥上，胶的大小应在玻璃板上的滤纸大小范围内（图 1-3）。

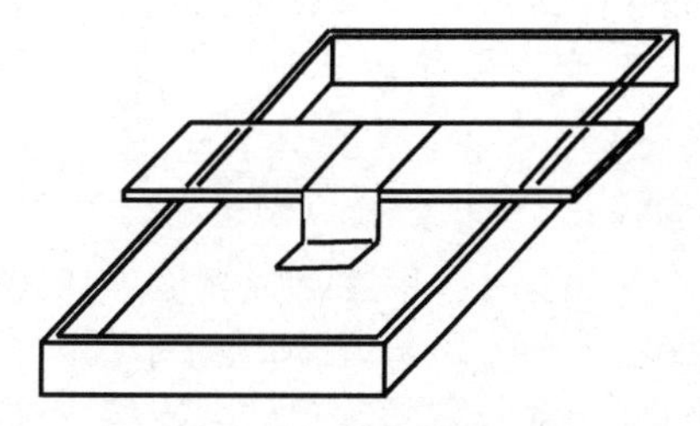

图 1-2　托盘上放置支持物并搭建滤纸桥示意图

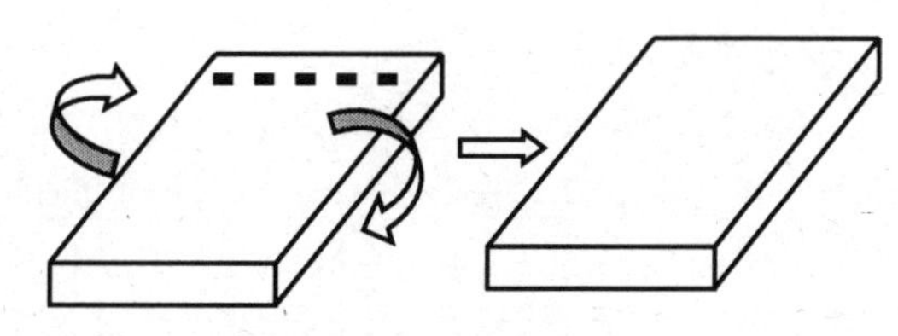

图 1-3　将电泳胶置于搭建的滤纸桥上示意图

（8）在胶上放置与胶等大小的尼龙膜和 3 mm 滤纸。

（9）用玻璃棒或试管轻轻地赶气泡（图 1-4）。

（10）封口膜封边，放上叠好的吸水纸（5～8 cm 高），压上约 1 kg 的重物。

（11）转膜过夜后，取出尼龙膜，用铅笔标记，50 ℃烘干 30 min。短波紫外线固定 30 s。

（12）变性 25 μL 鲑精 DNA（100 ℃，5 min，之后置于冰上）。

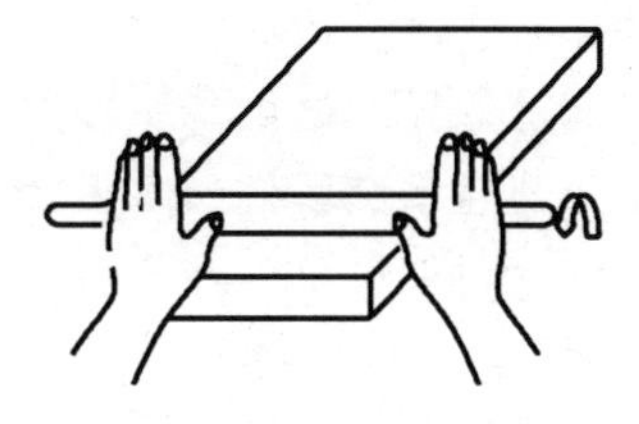

图 1-4　用玻璃棒赶气泡示意图

（13）将尼龙膜置于杂交袋内，在杂交袋内加入 5 mL 预杂交液和变性的鲑精 DNA。

（14）尽量排除袋内气泡，使预杂交液均匀分布在膜上，封闭杂交袋。

（15）置于 50 ℃恒温水浴中，振荡保温 1 h。

（16）在预杂交袋中加入变性好的探 5 μL，赶气泡、封袋，50 ℃水浴振荡过夜。

（17）杂交完成后，取出尼龙膜，置于含 2×SSC，0.1% SDS 中室温振荡 5 min。

（18）后在 0.1×SSC、0.1% SDS 中 65 ℃下振荡 30 min。

（19）再在 2×SSC、0.1% SDS，0.3% Tween20 中室温下振荡 5 min。

（20）封闭液（buffer Ⅰ ∶ buffer Ⅱ＝1∶9），将膜封于杂交袋中，室温下振荡 45 min。

（21）配制封闭液［含抗地高辛（anti-digoxigenin）-AP 1 μL（buffer Ⅰ ∶ buffer Ⅱ＝1∶9）］，将膜封于杂交袋中，室温下振荡 45 min。

（22）在 2×SSC，0.1%SDS，0.3% Tween 20 中室温下振荡 15 min，两次。

（23）将膜放于一边封口的杂交袋中，滴加显色液［含 1% CDP-star（CSPD）的 buffer Ⅲ］，去除气泡，黑暗条件下显色 5 min。

（24）取出杂交袋后夹在吸水纸中间吸去多余的显色液，封袋。

（25）将封好的膜放入暗盒，在膜上放置 X-光片，盖好暗盒，曝光 45 min。

（26）X 光片影液和定影。观察杂交结果。

三、Western 杂交

1. 实验目的　学习 Western 杂交的基本过程和操作。

2. 实验原理　免疫印迹（immunblotting）又称蛋白质印迹（Western bloting），是根据抗原抗体的特异性结合检测复杂样品中的某种蛋白的方法。Western bloting 是在凝胶电泳和固相免疫测定技术基础上发展起来的一种新的免疫生化技术。由于免疫印迹具有 SDS－PAGE 的高分辨力和固相免疫测定的高特异性和敏感性，现在已成为蛋白质分选的一种常规技术。免疫印迹常用于鉴定某种蛋白质，并能对蛋白质进行定性和半定量分选。

Western Bloting 采用的是聚丙烯酰胺凝胶电泳，被检测物是蛋白质，“探针”是抗体，“显色”用标记的二抗。SDS－PAGE 可对蛋白质样品进行分离，转移到固相载体硝酸纤维素薄膜（NC）上。固相载体可以吸附蛋白质，并保持电泳分离的多肽类型及其生物学活性不变。转移后的 NC 膜就称为一个印迹（blot），用蛋白溶液（如 5% BSA 或脱脂奶粉溶液）处理，封闭 NC 膜上的疏水结合位点。用目标蛋白的抗体（一抗）处理 NC 膜，只有待研究的蛋白质才能与一抗特异结合形成抗原抗体复合物，这样清洗除去未结合的一抗后，只有在目标蛋白的位置上结合着一抗。用一抗处理过的 NC 膜再用标记的二抗处理。二抗是指一抗的抗体，如一抗是从鼠中获得的，则二抗就是抗鼠 IgG 的抗体。处理后，带有标记的二抗与一抗结合形成抗体复合物，可标示一抗的位置，即是待研究的蛋白质的位置。

3. 器材及试剂

（1）器材：材料准备转膜用的夹子，两块海绵垫，一支滴管，两张滤纸，一张 PVDF（聚偏二氟乙烯）膜，转膜槽，转移电泳仪，摇床，计时器，磁力搅拌器，转子，Western bloting 盒，一块 SDS－PAGE 胶，脱脂奶粉。

（2）试剂：

① 甲醇。

② 转移缓冲液 1 L（Tris 5.8 g 甘氨酸 2.9 g SDS 0.37 g 甲醇 200 mL，定容到 1 L）。

③ 一抗，二抗。

④ PBST，PBS，Tween－20。

⑤ 显影液（5×）：将自来水加热至 50 ℃ 375 mL（以下药品加到温水中）米吐尔（Metol，学名：N－甲基-对氨基苯酚硫酸盐，分子式为 $C_7H_9NO \cdot 1/2H_2SO_4$）1.55 g，亚硫酸钠（无水）22.5 g，碳酸钠（无水）33.75 g，溴化钾 20.95 g，定容至 500 mL。

⑥ 定影液：自来水（50～60 ℃）700 mL（以下药品按顺序加入前者溶解后再加后者）硫代硫酸钠 240 g，亚硫酸钠（无水）15 g，冰乙酸 12.6 mL，硼酸 7.5 g，钾明矾 15 g（水温冷至 30 ℃以下时再加入），加水定容至 1 000 mL，室温保存。

4. 实验步骤

（1）蛋白质抽提与定量：参照第一章第十节一、甘蔗总蛋白质的提取。

（2）SDS－PAGE 电泳：参照第一章第十节二、甘蔗总蛋白质的 SDS－PAGE 电泳。

（3）转膜：在电泳结束前 20 min 左右戴上手套开始准备操作。

① 准备：转移缓冲液 1 L（Tris5.8 g、甘氨酸 2.9 g、SDS0.37 g、甲醇 200 mL，定容到 1 L）、转膜用的夹子、两块海绵垫、一支滴管、2 张滤纸、一张 PVDF（聚偏氟乙烯）膜。

② 剪切滤纸和膜时一定要戴一次性 PE 手套，避免手上的蛋白污染膜。转膜前，PVDF 膜应在甲醇溶液中浸泡 5～10 s，浸湿为止，在平衡液中平衡（甲醇的作用是固定大分子蛋白，使小分子物质易转移出去）

③ 将转膜用的夹子、两块海绵垫、一支滴管、2 张滤纸、一张 PVDF 膜浸泡在转移缓冲液中，然后取出 SDS－PAGE 胶，将浓缩胶轻轻刮去，并在胶的一角做一缺角作为标记以

区分上样顺序。将胶在转膜缓冲液中浸泡 5 min 左右，以平衡离子强度。

④ 夹子打开平放底部黑色电极（阴极），放一张海绵垫片，用玻棒来回擀几遍以擀走里面的气泡。在海绵垫片上放置 1 张转移缓冲液浸泡过的滤纸，对齐，然后用一玻璃棒作滚筒以挤出所有气泡，必要时可滴加转膜液润湿。取出浸在转膜液中的凝胶平放在滤纸上，排除所有气泡。将 PVDF 膜置于聚丙烯酰胺凝胶上，玻棒来回擀几遍排除所有气 泡，注意在膜的正面做上标记（可以将膜的一角剪去或用签字笔在膜的边角上做记号）。在膜上盖一张转移缓冲液浸泡过的滤纸，同样须确保不留气泡。最后盖上另一张海绵垫，盖上阳极板（白色），夹紧。保证对凝胶有一定压力。

⑤ 将夹子放入转移槽中，要使夹的黑面对槽的黑面，夹的白面对槽的红面。转膜时将转移槽放入冰水中进行。转膜过程中电转液用磁力搅拌器搅拌。一般用恒压 110 V 转移 60 min。对于大分子量的蛋白（超过 120 kDa），时间约 80 min。特别要注意加强降温措施。

（4）膜的封闭和抗体孵育：

① 取膜，将膜正面朝上在 1×PBST 溶液中摇动 5 min，洗一次，移至含有封闭液（含 10%脱脂奶粉的瓶 PBST 缓冲液；脱脂奶粉 5 g，PBST 100 mL，溶解后 4 ℃保存。使用时，恢复室温，用量以盖过膜面即可，一次性使用。）的平皿中，室温下脱色摇床上摇动封闭 1 h。注：10%脱脂牛奶的作用：用大分子物质封闭非相关的蛋白结合位点，降低非特异性结合（抗体与膜），同时也使背景色不高。PBST：T 为吐温（Tween20），减少非特异性吸附，不影响抗体抗原的结合。

② 取出膜在 1×PBST 溶液中洗 5 min，摇动，洗两次，放入 1×PBST 缓冲液中（内含 5%脱脂牛奶），同时加入一抗与二抗到缓冲液中，孵育 60 min。

③用 1×PBST 洗至少 3 次，5 min/次。

④ 化学发光，显影。显影液与水 1∶4，定影液与水 1∶9，发光液。

（5）免疫学检测：

显影液（5×）配制：将自来水加热至 50 ℃，取 375 mL。将以下药品［米吐尔 1.55 g，亚硫酸钠（无水）22.5 g，碳酸钠（无水）33.75 g，溴化钾 20.95 g］分别加到温水中，最后定容至 500 mL。配制时，上述药品应逐一加入，待一种试剂溶解后，再加入后一种试剂。4 ℃保存。使用时用自来水稀释至 1 倍。

定影液配制：将自来水加热至 50～60 ℃，取 700 mL，将以下药品［硫代硫酸钠 240 g，亚硫酸钠（无水）15 g，冰乙酸 12.6 mL，硼酸 7.5 g，钾明矾 15 g］按顺序加入前者溶解后再加后者，加钾明矾时要将水温冷至 30 ℃以下时再加入。最后定容至 1 000 mL，室温保存。

发光液配制：鲁米诺试剂 2 mL、过氧化氢 1.3 mL。

显影、定影：在暗室中，将 1×显影液（50 mL）和定影液（50 mL）分别到入塑料盒中；在红灯下取出 X-光片，用切纸刀剪裁适当大小（比膜的长和宽均需大 1 cm）；打开 X-光片夹，将膜放入 X-光片夹，并将发光液均匀涂抹在膜上，之后把 X-光片放在膜上，一旦放上，便不能移动，关上 X-光片夹，开始计时；根据信号的强弱适当调整曝光时间，一般为 1 min 或 5 min，也可选择不同时间多次压片，以达最佳效果；曝光完成后，打开 X-光片夹，取出 X-光片，迅速浸入显影液中显影，待出现明显条带后，即刻终止显影。显影时间一般为 1～2 min（20～25 ℃），温度过低时（低于 16 ℃）需适当延长显影时间；显影结束后，马上把 X-光片浸入定影液中，定影时间一般为 5～10 min，以胶片透明为止；用自来水冲去残留的定影液后，室温下晾干。

注意事项：显影和定影需移动胶片时，尽量拿胶片一角，手指甲不要划伤胶片，否则会对结果产生影响；一抗、二抗的孵育时间因抗体不同可做适当的调整；转膜时滤纸与胶，胶与膜，膜与滤纸之间不能有气泡，用玻棒赶走气泡。有气泡会影响转膜效果；把X-光片放在膜上，一旦放上，便不能移动。

第二章　DNA分子标记技术

分子标记狭义来说就是DNA分子标记，是继形态标记、细胞标记和生化标记之后发展起来的较为理想的遗传标记。

分子标记技术主要可以分为两类，基于杂交的标记技术和基于PCR的标记技术。理想的分子标记技术，应该具有多态性、稳定性（即不受环境或外在因素的影响）、在整个基因组中分布广泛性、易于观察和操作、廉价、共显性、重复性好等。近年来，其中DNA标记技术应用最为广泛，主要技术有RFLP、RAPD、AFLP、SSR、ISSR、SCAR、SRAP、SCoT、SNP、BST、EST、SNP、等多种方法。被应用于开展甘蔗种质资源遗传多样性分析、甘蔗DNA指纹图谱制作、甘蔗遗传图谱的构建、基于分子数据的甘蔗核心种质构建以及甘蔗重要性状标记筛选等的分子标记研究越来越多，它们各自的复杂性、稳定性及产生遗传信息的能力不同，各有不同特点及优、缺点。

第一节　相关序列扩增多态性（SRAP）

相关序列扩增多态性（SRAP）是由Li与Quiros博士于2001年提出的，又称基于序列扩增多态性（SBAP）。其上游引物是对外显子区域进行扩增，下游引物则是对内含子和启动子区域进行扩增，由于内含子、启动子和间隔序列的不同而产生多态性。SRAP标记与其他分子标记相比，具有多态性高、重复性好、操作简单、在基因组中分布均匀、引物具有通用性、上下游引物可两两搭配组合等特点，在遗传多样性的研究、遗传图谱的构建、亲缘关系分析、基因定位、比较基因组学等研究领域应用广泛。

一、SRAP标记的原理

在SRAP分子标记中，PCR扩增引物的设计是关键，它利用独特的引物设计对ORFs（开放阅读框）进行扩增。正向引物长17 bp，5′端的前10 bp是一段非特异性的填充序列，紧接着是CCGG，它们一起组成核心序列，然后是靠着3′端的3个选择性碱基，对外显子进行扩增。反向引物长18 bp，即由5′的11个无特异性的填充序列和紧接着的AATT组成的核心序列，及3′的3个选择性碱基，对内含子和启动子区域进行特异扩增；因个体不同以及物种的内含子、启动子与间隔长度不等而产生多态性扩增产物。

二、SRAP分子标记的技术流程

1. SRAP的引物设计　SRAP分析中共有两套引物，长为17 bp的正向引物和长为18 bp的反向引物，也有用19 bp反向引物的。长为17 bp的正向引物由14 bp的核心序列和3′端的3个可选择性碱基组成，核心序列由端的10个填充序列和紧接着的CCGG组成。3个可选择性的碱基是可以变化的，它的变化能产生一系列的引物，它们有着共同的核心序列。反向引物的组分和正向引物相同，只是在填充序列和3个可选择性碱基之间是AATT。引物设计时有一个原则，就是引物之间不能形成发夹结构或其他的二级结构，GC的含量在40%～50%，正向和反向引物的填充序列在组成上必须不同，长度为10或11个碱基。使用同位素检测时引物可用33P-ATP进行标记。

2. SRAP-PCR扩增　PCR扩增反应模板可以是基因组DNA，也可以是cDNA。扩增的过程采用复性变温法，前5个循环复性温度为35℃，后30～35个循环则为50℃，这种温度的变化确保DNA扩增在前5个循环是有效的，并且在以后的循环中以指数方式扩增。

扩增后的DNA片段可用聚丙烯酰胺或琼脂糖凝胶电泳分离，溴化乙啶（EB）、银染（0.1% $AgNO_3$染色）或放射自显影检测。

3. PCR扩增产物测序　扩增产物在变性聚丙烯酰胺凝胶上电泳分离后，从胶上割下获得SRAP标记差异片段，回收后，用相应引物直接测序。由于SRAP产生高强带，很少有重叠，而且引物较长，故比AFLP更易测序。

第二节　目标起始密码子多态性（SCoT）

目标起始密码子多态性（SCoT）标记是一种基于翻译起始位点的目的基因标记技术，是Collard和Mackill（2009）在水稻中提出的一种基于单引物扩增反应（SPAR）的分子标记方法。

一、SCoT标记的原理

基因的起始密码子的附近序列是非常保守的，具有一致性。SCoT标记的引物就是根据植物基因中的ATG翻译起始位点侧翼区域的保守性来设计的。在SCoT标记中，单引物起着像RAPD、ISSR单引物几乎同样的作用，同时充当上下游引物的作用，不同的是SCoT单引物可同时结合在双链DNA的正负链上的ATG翻译起始位点区域，从而扩增出两结合位点之间的序列。

二、SCoT标记的引物设计

SCoT的引物设计要满足以下几个要求：①根据ATG翻译起始位点侧翼区域的保守性来设计；②以ATG中的A为下游+1位置，+4位置必须是G，+7位置必须是A，+8、+9位置必须是C；③引物长度为18 bp，GC含量在50%～72%之间，无兼并碱基，最好无引物二聚体和发夹结构形成。

三、SCoT-PCR扩增

PCR扩增反应模板可以是基因组DNA，也可以是cDNA。总体积为20 μL的SCoT-PCR反应体系一般含有1.5 mmol/L $MgCl_2$，引物1.0 μmol/L，0.3 mmol/L dNTPs，1.0 U Taq DNA聚合酶，80 ng基因组DNA。反应条件是94℃预变性5 min；94℃变性1 min，50℃（统一温度）退火1 min，72℃延伸2 min，共35个循环；72℃最后延伸6 min。

PCR扩增产物可用1.2%的琼脂糖胶和非变性或变性聚丙烯酰胺胶来电泳分离，可以用溴化乙啶（EB）染色或银染。

第三节　简单重复序列间扩增（ISSR）

简单重复序列间扩增（ISSR）是于1994年由Zietkiewicz E等创建的一种简单序列重复区间扩增多态性分子标记。ISSR标记根据植物广泛存在SSR的特点，利用在植物基因组中常出现的SSR本身设计引物，无须预先克隆和测序。用于ISSR-PCR扩增的引物通常为16～18 bp，由1～4个碱基组成的串联重复和几个非重复的锚定碱基组成，从而保证了引物与基因组DNA中SSR的5′或3′末端结合，导致位于反向排列、间隔不太大的重复序列间的基因组片段被PCR扩增。ISSR是在SSR的基础上发展起来的，与SSR的PCR相比，ISSR的PCR引物设计更为简单，应用更为方便。

一、ISSR标记的原理

其基本原理就是在SSR的3′或5′端加锚1～4个嘌呤或嘧啶碱基，然后以此为引物，对两侧具有反向排列SSR之间的一段DNA序列进行扩增，而不是扩增SSR本身，然后进行电泳、染色，根据谱带的有无及相对位置，来分析不同样品间SSR标记的多态性。它在引物设计上比SSR技术简单得多，不需知道DNA序列，即可用引物进行扩增。ISSR技术的原理和操作与SSR、RAPD非常相似，但其产物多态性远比RFLP、SSR、RAPD更加丰富，可以提供更多的关于基因组的信息；由于其退火温度相对来说较高（≥52 ℃），试验重复性也更好。

二、ISSR标记的引物设计

引物设计是ISSR技术中最关键、最重要的一步。基因组中的SSR一般为2～6个寡聚核苷酸，用于ISSR的引物常为5′或3′端加锚的二核苷酸、三核苷酸、四核苷酸重复序列，重复次数（*n*）一般为4～8次，使引物的总长度达到20 bp左右。5′或3端用于锚定的碱基数目一般为1～4个，锚定的目的是引起特定位点退火，使引物与相匹配SSR的一端结合，而不是中间，从而对基因组中特定片段进行扩增、检测基因组中，发现最多的SSR是二核苷酸重复序列，如（AT）、（TA）、（CA）*n*等，因此，ISSR技术中所用的引物以加锚的二核苷酸重复序列为主，寡聚三核苷酸、四核苷酸用得比较少。

三、ISSR-PCR扩增

模板一般使用基因组DNA。

扩增反应体积为20 μL，其成分包括8 μL ddH_2O、1 μL 10 mmol引物、2×DreamTaq 10 μL、1 μL 15～30 ng的模板。

ISSR的扩增条件如下：94 ℃、5 min 1个循环；94 ℃、30 s，55 ℃、45 s，72 ℃、90 s，45个循环；72 ℃、10 min 1个循环。

PCR产物的检测和分析 PCR产物需经电泳分离、染色显示后才能进行谱带观察、统计。目前DNA分离中所用的电泳介质都可用于ISSR-PCR扩增产物的分离，琼脂糖浓度常用1.5%～2.0%，聚丙烯酰胺常用浓度为6%，后者的分离效果通常会更好。用硝酸银或溴化乙啶（EB）染色后，在可见光（银染）或紫外光（EB染色）下进行观察，统计带纹的有或无及相对位置，然后根据研究目的，应用相关软件进行分析。

第四节　扩增片段长度多态性（AFLP）

扩增片段长度多态性（AFLP）是由荷兰科学家 Pieter Vos 等于 1995 年发明的分子标记技术。AFLP 是基于 PCR 技术扩增基因组 DNA 限制性片段，基因组 DNA 先用限制性内切酶切割，然后将双链接头连接到 DNA 片段的末端，接头序列和相邻的限制性位点序列，作为引物结合位点。限制性片段用二种酶切割产生，一种是罕见切割酶，一种是常用切割酶。它结合了 RFLP 和 PCR 技术特点，具有 RFLP 技术的可靠性和 PCR 技术的高效性。由于 AFLP 扩增可使某一品种出现特定的 DNA 谱带，而在另一品种中可能无此谱带产生，因此，这种通过引物诱导及 DNA 扩增后得到的 DNA 多态性可作为一种分子标记。

一、AFLP 标记的原理

AFLP 技术是基于 PCR 反应的一种选择性扩增限制性片段的方法。由于不同物种的基因组 DNA 大小不同，基因组 DNA 经限制性内切酶酶切后，产生分子量大小不同的限制性片段。使用特定的双链接头与酶切 DNA 片段连接作为扩增反应的模板，用含有选择性碱基的引物对模板 DNA 进行扩增，选择性碱基的种类、数目和顺序决定了扩增片段的特殊性，只有那些限制性位点侧翼的核苷酸与引物的选择性碱基相匹配的限制性片段才可被扩增。扩增产物经放射性同位素标记、聚丙烯酰胺凝胶电泳分离，然后根据凝胶上 DNA 指纹的有无来检验多态性。

进行 AFLP 分析时，一般应用两种限制性内切酶在适宜的缓冲系统中对基因组 DNA 进行酶切，一种为低频剪切酶（rare cutter），识别位点为六碱基的；另一种为高频剪切酶（frequent cutter），识别位点为四碱基的。双酶切产生的 DNA 片段长度一般小于 500 bp，在 AFLP 反应中可被优先扩增，扩增产物可被很好地分离，因此一般多采用稀有切点限制性内切酶与多切点限制性内切酶相搭配使用的双酶切。常用的两种酶是 4 个识别位点的 Mse I 和 6 个识别位点的 EcoR I。

AFLP 接头和引物都是由人工合成的双链核苷酸序列。人工接头（artificial adapter）一般长 14～18 bp，由一个核心序列（core sequence）和一个酶专化序列（Enzyme - specific sequence）组成。常用的多为 EcoR I 和 Mse I 接头，接头和与接头相邻的酶切片段的碱基序列是引物的结合位点。AFLP 引物包括三部分：5′端的与人工接头序列互补的核心序列，限制性内切酶特定序列和 3′端的带有选择性碱基的黏性末段（selective extension）。

二、AFLP 标记操作流程

1. 基因组 DNA 提取和纯化

（1）大量提取 DNA。

（2）DNA 的纯化。

① 用 0.8%琼脂糖凝胶（含 EB0.5 μg/mL）电泳检测片段大小，取出其中的 1/3 已提取的基因组 DNA 进行纯化。

② 首先用 TE 缓冲液补满至总体积 50 μL，再等体积苯酚/氯仿/异戊醇（25∶24∶1）、

氯仿/异戊醇（24∶1）各抽提一次。

③ 离心吸上清液于 EP 管中，加入 1/10 体积的 NaAC 和二倍体积预冷的无水乙醇，−20 ℃放置 2 h 以上。

④ 10 000 r/min 离心 10 min，用 70%的乙醇漂洗 DNA 沉淀 2 次，风干后溶于 30 μL TE 缓冲液中。

⑤ 紫外分光光度计检测 A260、A280 值并定量，再用 0.8%琼脂糖凝胶（含 EB0.5 μg/mL）电泳检测片段大小。

注：0.1～0.2 g 组织可用 100 μL 溶液 E 溶，0.5 g 组织，溶液 E 可增加至 300 μL，此时 DNA 浓度大约为 100 ng/μL。

2. 限制性酶切及连接

（1）在 0.2 mL 离心管中加入。模板量约为 250 ng，2.5 μL 10×酶切缓冲液，2.5 μL 10×T4 DNA 连接酶切缓冲液，5 U EcoRⅠ，5 U MseⅠ，2 U T4 连接酶，50 pmol MseⅠ接头，双蒸水补至 25 μL。

（2）用 PCR 扩增仪设定 37 ℃过夜反应后，于 65 ℃，20 min 灭酶活，−20 ℃保存，作为预扩增模板。

3. 预扩增

（1）取 3 μL 酶切连接产物，加入 75 ng E+A，75 ng M+C 引物，15 mmol/L Mg^{2+}，25 mmol/L dNTPs，1 U Tag 酶，3 μL 10×PCR 缓冲液，加双蒸水补至 30 μL。

反应参数为：94 ℃ 90 s；94 ℃ 30 s，56 ℃ 1 min，72 ℃ 1 min，30 循环；72 ℃，10 min。

（2）反应结束后，用 0.8%琼脂糖凝胶（含 EB0.5 μg/mL）电泳检测扩增产物，取 3 μL 产物稀释 50 倍，用作选择性扩增模板。

4. 选择性 PCR 扩增

（1）取稀释后的产物 3 μL，加入 EcoRⅠ选择性引物、MseⅠ选择性引物各 75 ng，15 mmol/L Mg^{2+}，25 mmol/L dNTPs，1 U Tag 酶，3 μL 10×PCR 缓冲液，加双蒸水补至 30 μL。

反应参数为：94 ℃ 90 s；94 ℃ 30 s，65 ℃ 1 min，72 ℃ 1 min，13 循环（每循环降 0.7 ℃）；94 ℃ 30 s，56 ℃ 1 min，72 ℃ 1 min，25 循环；72 ℃ 5 min。

（2）反应结束后，用 0.8%琼脂糖凝胶（含 EB0.5 μg/mL）电泳检测选择性扩增产物。

5. 凝胶电泳

（1）扩增产物用 6%变性聚丙烯酰胺胶（厚度 0.5 mm）和 1×TBE 电泳缓冲液电泳分离）。拔出梳子，140 W 恒功率预电泳 30 min，温度达到 47～49 ℃。务必使每个孔清洗出尿素。

（2）选择性扩增产物中加入等体积上样缓冲液（98%甲酰胺，10 mmol/L EDTA，0.25%二甲苯青，0.25%溴酚蓝）94 ℃变性 5 min，结束后迅速置于冰上直到点样。

（3）每个泳道加样 8 μL。开始用 100 W 恒功率电泳约 2 min，使样品迅速集中到孔底部，再调到 60 W 恒功率电泳，温度保持在 43 ℃左右，待二甲苯青泳动至玻璃板 2/3 处，结束电泳。

6. 银染

(1) 固定液配制：取 100 mL 冰醋酸到 900 mL 去离子水或双蒸水中。

染色液：1 g $AgNO_3$，1.5 mL 37%甲醛，加去离子水至 1 L。

显色液：30 g Na_2CO_3，1.5 mL 37%甲醛，2 mg 硫代硫酸钠，加去离子水至 1 L。

(2) 具体操作流程：

① 电泳完毕后，将粘有凝胶的玻璃板置入用于银染的塑料盘中。

② 固定：加入固定液，在摇床上轻微振荡 30 min。固定结束后，固定液保留。

③ 加入去离子水漂洗 3 次，每次 2 min。

④ 染色：将凝胶放入染色盘中，倒入染色液（4 ℃），在摇床上轻微振荡 30 min。用去离子水漂洗凝胶 10 s 后，置入显色盘中。

⑤ 显色：加入显色液（4 ℃），在摇床上轻微振荡直至条带数不再增加为止。

⑥ 终止：加入②步骤用后的固定液，来回漂 3 min。达到最好效果后，用蒸馏水漂洗 5 min。

⑦ 去除凝胶和玻璃板上的水珠后，放在白光灯箱上用数码相机拍照。

7. 数据分析　用 BIO－RAD 公司的 Quantity One 软件统计，再用 NTSYS 等软件计算出遗传相似性系数，用 UPGMA 法进行聚类分析构建聚类图。

第五节　简单重复序列（SSR）

简单重复序列（SSR）标记是一种以特异引物 PCR 为基础的分子标记技术，也称为微卫星 DNA（microsatellite DNA），是一类由几个核苷酸（一般为 1～6 个）为重复单位组成的长达几十个核苷酸的串联重复序列。每个 SSR 两侧的序列一般是相对保守的单拷贝序列。生物的基因组中，特别是高等生物的基因组中含有大量的重复序列，根据重复序列在基因组中的分布形式可将其分为串联重复序列和散布重复序列。

一、SSR 标记的原理

微卫星的突变率在不同物种、在同一物种的不同位点和同一位点的不同等位基因间存在很大差异。但尽管它们分布于基因组的位置不同，但其两端序列多是保守的单拷贝序列，因而可以根据这两端的序列设计一对特意引物，通过 PCR 技术将其间的核心微卫星 DNA 序列扩增出来，利用电泳分析技术就可获得其长度多态性。

二、SSR 标记操作流程

甘蔗基因组 DNA 提取和检测

1. 甘蔗基因组 DNA 提取　采用改良的 SDS 法提取基因组 DNA。

(1) 取适量甘蔗鲜嫩叶片剪碎放入研钵中，加入少许 PVP，加入液氮快速研磨成粉末状，转入 2.0 mL 的离心管中（约 1/3 管），加入预热好的 SDS 提取缓冲液 1 000 μL；

(2) 65 ℃恒温水浴 50 min，其间每 10 min 摇匀 1 次；

(3) 向离心管中加入 200 μL 的 5 mol/L KAc（pH 4.8）溶液，充分混匀后冰浴 15 min；

(4) 于 4 ℃冷冻离心机里，10 000 r/min 离心 15 min；

(5) 取 800 μL 上清液转入一干净 2.0 mL 离心管内，加入等体积的酚/氯仿/异戊醇(25∶24∶1)，缓慢颠倒混匀 3 min，然后于 4 ℃冷冻离心机里，12 000 r/min 离心 8 min；

(6) 取 700 μL 上清液至一干净 2.0 mL 离心管中（若蛋白质等杂质仍存留较多，重复步骤 5 一次）；

(7) 往离心管里加入等体积的氯仿/异戊醇（24∶1），混匀 3 min，12 000 r/min 离心 10 min；

(8) 取 600 μL 上清液，加入 60 μL 3 mol/L NaAc（pH 5.2）溶液混匀，再加入预冷的 1 200 μL 的无水乙醇，冰浴 30 min；

(9) 10 000 r/min 离心 12 min，弃上清，收集沉淀，依次用 72%乙醇、无水乙醇洗涤沉淀后，在室温下自然晾干；

(10) 用 200 μL TE 溶解沉淀，加入 4 μL RNase，于 37 ℃恒温水浴 45 min，然后置 −20 ℃贮存备用。

2. 总 DNA 质量的检测

(1) 琼脂糖凝胶电泳检测：取 3 μL DNA 样品，混合上样缓冲液（loading buffer）后用于 0.8%琼脂糖凝胶电泳，检测甘蔗总 DNA 完整性，并估测其浓度。以 1×TAE 为电极缓冲液，5 V/cm 电压电泳，待溴酚蓝离开上样孔移动至胶的 1/3 时，停止电泳，以 1 μg/mL 溴化乙啶（EB）染色 15 min，然后用清水冲洗，于凝胶成像仪上检测、拍照并保存（溴化乙啶为强诱变剂和高致癌物质，操作时必须戴手套，尽量避免滴溅到身体上）。

(2) 紫外分光光度法检测：取 10 μL DNA 样品溶液，加入 190 μL TE 缓冲液充分混匀，以 TE 缓冲液作为空白对照，用紫外分光光度计测定样品液在 230 nm、260 nm、280 nm 和 320 nm 的 OD 值，并做记录。其中，盐和小分子物质在 230 nm 处有最大吸收峰；核酸在 260 nm 处有最大吸收峰；酚在 270 nm 处有最大吸收峰；蛋白质在 280 nm 处有最大吸收峰；多糖类等大分子物质在 320 nm 处有最大吸收峰。在测定 260 nm 吸光值时，1 OD260＝50 μg/mL 双链 DNA。对于 DNA 纯制品，其 OD260/OD280＝1.8，OD260/OD230＝2.0；若 OD260/OD280 ＜1.8，说明有蛋白质或酚污染；若 OD260/OD280＞1.8，则说明有 RNA 污染。

3. SSR 引物的选择 筛选扩增条带清晰、多态性高、重复性好的引物用于实验研究。

PCR 反应体系的建立：

(1) PCR 反应体系如表 2－1。

表 2－1 SSR 的 PCR 体反应系（20 μL）

成　分	原浓度	体积（μL）
ddH_2O	—	14.58
10×PCR buffer	—	2.0
dNTPs	10 mmol/L	0.3
Forward primer（5′－3′）	10 μmol/L	1.0
Reversed primer（5′－3′）	10 μmol/L	1.0
Taq DNA 聚合酶	5 U/μL	0.12
Genomic DNA（Template）	52～96 ng/μL	1.0

注：PCR 反应液在冰浴中配制，然后置于 PCR 仪上进行反应。

（2）PCR 扩增程序如表 2－2。

表 2－2　PCR 扩增程序

A　94 ℃ 预变性	5 min
B　94 ℃ 变性	40 s
C　52～60 ℃ 退火	1 min
D　72 ℃ 延伸	50 s 重复 B，C，D，共 32 个循环
E　72 ℃ 终延伸	2 min
F　4 ℃ 保存	

4. PCR 产物的电泳检测　PCR 产物用 7％的非变性聚丙烯酰胺凝胶（PAGE）电泳检测，电泳结束后用硝酸银染色观察结果。

（1）清洗玻璃板：用自来水和洗洁精把玻璃板反复擦洗干净，用蒸馏水洗两遍，再依次用 72％和 95％酒精擦洗，自然晾干。

（2）封胶：按照“厚高薄低”的原则把玻璃板组装好，并用夹子夹稳固定两侧，用 1％琼脂（用 0.5×TBE 配制）封底，每板需约 5 mL。

（3）制胶：如表 2－3。

表 2－3　制备 7％聚丙烯酰胺凝胶的工作液（两板胶的用量）

成　　分	用　　量
40％丙烯酰胺	7.75 mL
5×TBE	6 mL
蒸馏水	16 mL

以上成分充分混匀后，加入 320 μL 10％过硫酸铵（AP），20 μL TEMED，轻轻混匀，准备灌胶。

（4）灌胶：将封底好的胶版与水平桌面呈 45°角放置，把胶沿灌胶口匀速、连贯的灌入，防止出现气泡，胶满后将梳子整齐插入适当位置，此时要特别注意观察不要让梳子下面产生气泡，使其聚合 30～60 min。

（5）点样：组装电泳槽，加入 0.5×TBE 电泳缓冲液，谨慎地取出梳子，用注射器冲洗上样孔道，以去除多余的碎胶。PCR 产物加入 1/6 体系的上样缓冲液，混匀，每一个加样孔点样量为 1.0～1.5 μL；DNA ladder Marker 为 100 bp ladders，上样量为 0.8 μL，并以 Marker 标识凝胶板次序。

（6）电泳：在 120 V 恒定电压下电泳 1.2～2.0 h（根据扩增产物分子量的大小而定）。

5. 银染显影

（1）清洗：分开组装的两块玻璃板，将聚丙烯酰胺凝胶块小心的划入装有 1 L 蒸馏水的盆钵（带有篮子）中，摇床轻摇 3 min。

（2）银染：将凝胶块转入 1 L 硝酸银染色液中，摇床轻摇 12～15 min（根据室温及染液已使用次数而定）。硝酸银染色液：称取 1 g 硝酸银，加入 1 L 蒸馏水使其溶解，装于棕色广口瓶备用（需避光保存，因为硝酸银见光易分解）。

（3）清洗：回收硝酸银染色液（可多次重复使用），在1 L蒸馏水中漂洗凝胶块，此时轻摇时间要严格控制在30 s左右。时间太短，漂洗不充分；时间过长，则易导致显影条带不够清晰。

（4）显影：把凝胶块移至1 L显影液里，轻摇显影至条带比较清晰为止，时间太长会引起凝胶背景过深。

显影液：称取0.4 g无水碳酸钠，0.2 g四硼酸钠，20 g氢氧化钠，溶于1 L蒸馏水中，使用前加入3 mL甲醛。

（5）清洗：取出凝胶块，用蒸馏水冲洗两次，每次3 min。

（6）用扫描仪进行扫描，保存图像。

6. 数据统计与分析 SSR扩增谱带在相同迁移率位置上有带记为“1”，无带记为“0”，组成原始数据矩阵。用BIO-RAD公司的Quantity One软件统计，再用NTSYS等软件计算出遗传相似性系数，进行聚类分析和主成分分析等。

第六节 表达序列标签（EST）

表达序列标签（EST）是从一个随机选择的cDNA克隆进行5′和3′端单向测序获得的一段基因表达序列片段，长度从20～7 000 bp不等，平均长度为（360±120）bp。其基本实验方法是将mRNA反转录成cDNA并克隆到载体构建成cDNA文库后，大规模随机挑选cDNA克隆，对其3′或5′端进行下一步法测序所获得的cDNA序列。自Adams et al.（1991）在人类基因组研究计划中使用EST这一概念以来，EST技术被广泛应用于基因作图、比较基因组学研究、SNP挖掘、cDNA芯片制备、基因克隆以及功能分析等领域。

一、EST数据库资源

目前较为常用的EST数据库可以从包括美国国家生物技术信息中心（NCBI，https://www.ncbi.nlm.nih.gov/）、欧洲生物信息学研究所（EBI，https://www.ebi.ac.uk/）和日本国立遗传学研究所的DDBJ，https://www.ddbj.nig.ac.jp/）等数据库中查询获得。

二、植物EST数据的分析应用

1. 发现新基因 利用EST数据库发现新基因也被称为基因的电子克隆（In silico cloning），其基本方法是找到属于同一基因的所有EST片段，再把它们连接起来。由于EST序列是很多实验室随机产生的，利用同一基因的很多EST序列必然有大量重复小片段就可以把不同的EST连起来，直到发现了它们的全长，这样就可以说通过电子克隆找到了一个基因。如果这个基因与已知基因库比较，没有匹配的基因序列，那就找到了一个新基因。

2. 从EST中发掘SSR 科学家们已经意识到从EST中发掘SSR标记的重要意义，已成立一些物种的EST-SSR合作组织，如小麦EST-SSR合作组织。

3. 从EST中发掘SNP SNP是指同一位点的不同等位基因之间只有一个核苷酸的差异。EST是随机cDNA挑克隆单步法测序得到的，来自不同cDNA文库和不同个体的大量冗余的EST是发掘SNP很好的资源。根据研究目的，选择质量高的EST序列如来源于同一物种的不同品种同一组织的等位基因 EST 序列，来研究同一物种不同品种同一组织的等位基因 SNP 差异。

4. 通过 EST 进行功能基因分类分析　许莉萍等（2009）构建了一个甘蔗叶片全长 cDNA文库。经鉴定该文库库容为 3.0×106 cfu，重组率为 89%，全长率为 85%，平均插入片段约为 1 kb。利用该文库获得了 228 条 5′端有效 EST 序列。生物信息学分析表明，EST 序列拼接出 15 个 TUTs；NCBI 同源比对分析表明，其中 117 条 EST 拼接的 87 个 TUTs 与已知功能基因具有较高的同源性，这些 EST 涉及细胞生长、信号转导、蛋白质合成、转录、抗逆反应、能量代谢等功能。刘金仙等（2013）构建 1 个高质量的甘蔗茎全长 cDNA 文库基础上，对该文库进行大规模测序，获得了 283 条 5′端有效 EST 序列，平均长度为 459 bp，经聚类和拼接获得 204 个 TUTs，冗余序列所占比例 27.9%。NCBI 同源比对分析结果表明，其中 132 条 EST 拼接的 103 个 TUTs 与已知功能基因具有较高的同源性，结合拟南芥功能基因分类标准对这些 TUTs 进行分类，可分为 12 类，以参与蛋白质合成的基因最多，其次为细胞结构、蛋白质降解和贮藏、转录等类型的基因。

5. 从 EST 来寻找物种间差异基因　根据比较基因组学的研究结果，禾谷类作物水稻、小麦、玉米、甘蔗、高粱等基因组成、基因顺序等存在高度共线性。通过不同物种的大量 EST 比较是寻找物种间差异基因的有效方法之一。

第七节　单核苷酸多态性（SNP）

单核苷酸多态性（SNP），是指在基因组水平上由单个核苷酸的变异所引起的 DNA 序列多态性。包括单个碱基的转换（transition），如 T→C 和 A→G，以及颠换（transversion）如 A→C、T→G、G→C 和 A→T，而且其中最少一种等位基因在群体中的频率不小于 1%。因为这种变异可以是转换也可以是颠换，理论上讲，SNP 既可能具有 2 等位多态性，也可能具有 3 或 4 等位多态性。但 3 或 4 等位多态性的情况较少见，通常所说的 SNP 都是 2 等位多态性。转换的发生率总是明显高于其他几种变异，属于转换型变异的 SNP 约占全部 SNP 的 2/3。SNP 在单个基因或整个基因组中的分布不均匀，在非转录序列中要多于转录序列，而且在转录区也是非同义突变的频率比同义突变的频率低得多。在基因编码区的 SNP 称为编码 SNP（coding SNP，cSNP），它又分为两类：未引起蛋白质编码氨基酸序列改变的同义编码 cSNP（s－cSNP）和引起蛋白质编码氨基酸序列改变的非同义编码 cSNP（ns－cSNP）。其中 ns－cSNP 会导致蛋白质功能的改变。由于 cSNP 在标记功能基因和研究基因的遗传效应等方面具有重要意义，因此，它的研究备受关注。SNP 和碱基的插入/缺失（indels）是生物个体之间两种序列差异类型。SNP 是继 RFLP 和 SSR 之后发展起来的第三代分子标记技术。

一、SNP 标记的优点、特点

与 RFLP 和 SSR 分子标记技术相比，SNP 标记具有较多优点和特点：

1. 数量多，分布广泛　SNP 是目前为止分布最为广泛、存在数量最多且标记密度最高的一种遗传多态性标记。

2. 遗传稳定性高，遗传分析重现性好且准确性高　SNP 标记的遗传稳定性要比 SSR 等标记高得多，而且在群体中也是按孟德尔规律遗传用于遗传分析或基因诊断，重现性和准确性大大提高。

3. 易于快速且高通量进行基因型分型 由于SNP的二态性，非此即彼，在基因组中往往只需+/-的分析，而无须像检测SSR标记那样分析片段的长度，这就有利于自动化的筛选或检测技术的开发。由于SNP自身的特性，注定了它更适于复杂性状的遗传分析和引起群体差异的基因识别等方面的研究。

二、SNP的发现

1. 通过对不同个体的PCR扩增片段直接测序是发现SNP 对PCR扩增目的序列及其产物的测序是鉴别SNP的最简捷的方法。所扩增的目的序列通常是靶基因的非编码区域（如内含子、3′非翻译区域3′-UTR）或已知EST。根据这些目的序列设计特异引物使其扩增的产物为400～700 bp的DNA片段。以不同个体的基因组DNA为模板，用同一PCR反应体系进行扩增。对所获得的扩增产物在3′和5′两个方向上直接测序。然后应用专业软件CLC Main Workbench、Genalys或DNAstar，结合Clustal等软件，分析测序结果，就可发现不同个体的基因组DNA序列的SNPs。

2. 通过DNA芯片技术发现SNP

3. 通过基于公共数据库分析发现SNP 通过基于公共数据库已有的大量表达序列标签（EST）、序列标签位点（STSs）、cDNA文库和基因组测序公开的序列等信息。通过比较这些序列的重叠区域，并运用一些软件（如XGAP）删除由测序造成的碱基错读，就可获得候选SNP甚至真正的SNP，这种策略可大大降低成本，已被用于构建SNP标记。

三、SNP在作物遗传育种上的应用

随着新的SNP标记的发现和定位，作物遗传作图的标记密度将日益增高，这将为作物育种提供前所未有的便利工具。随着标记密度的升高，基因组扫描能够将数量性状位点（QTL）定位于更小的染色体区域内，从而为新的主效基因的发现和定位克隆打下良好的基础；而且高密度SNP遗传图谱的建成使我们更精确地进行标记辅助选择（MAS），降低或消除目的基因之外的遗传背景对这些技术带来的不良影响。除此之外，高密度分子标记的定位也会给品种资源和品种纯度的鉴定带来崭新的信息。

1. SNP用于构建高密度遗传连锁图谱 单核苷酸多态性（SNP）是多态性标记的无尽的资源，可用于高分辨率遗传图谱的构建，也可用于那些基于候选基因或整个基因组的相关性研究。SNP反映的都是相应染色体基因座上的遗传多态性状态，因此可用于绘制遗传图谱。SNP在基因组中分布广泛，发生频率很高。SNP在基因组中分布的广泛性及其在同一位点上的双等位特性，使之适合于自动化大规模扫描，成为继SSR之后最受推崇的作图标记，将对作物遗传作图及其精细程度产生深远的影响。在构建甘蔗高密度遗传连锁图谱方面，Aitken（2014）通过DArT技术，对R570后代的186个体的DArT序列数据进行分析，共鉴定出13 062个单剂量SNPs，构建基于R570品种SNP的遗传图谱。

2. SNP用于遗传图谱和物理图谱的整合 由于现代甘蔗栽培品种是非整倍、异源多倍体，遗传背景复杂，基因组量大且染色体数量不一。甘蔗基因组图谱的获得将面临重大挑战。将物理图谱与传统遗传图谱进行整合时就需要对BAC克隆的末端进行筛选和检测，以便鉴别出不含重复序列的 BAC 克隆末端。Garsmeur 等（2018）根据高粱全基因组图谱，选择了 4 660 个甘蔗 BAC 的最小拼接路径，覆盖了高粱基因组中富含基因的部分，测序并组装了由高质量序列的 382 Mb 组成的甘蔗单倍体基因组序列，所获得的基因序列共预测了 25 316 个蛋白质编码基因模型，其中 17%与高粱同源基因无共线性（colinearity）。

3. SNP 用于遗传标记　SNP 是等位基因间序列差异最为普遍的类型，可作为一种高通量的遗传标记。SNP 分析不需要按大小分离 DNA，可在检测平台或微型 DNA 芯片上进行自动化分析。与 SSR 相比，SNP 更易定位于基因组的大多数单拷贝区域。另一方面，SNP 是双等位的杂合期望值较低。在所检测区域当几个（通常 2～4 个）相邻 SNP 完全能区别单元型（haplotype）时 SNP 提供的信息显得尤为重要。在出现连锁不平衡（LD）的情况下，有些 SNP 在确定单元型时，较少量的 SNP 就可以完全有效地确定单元型的特征。只有这些 SNP 或其他能完全区分不同单元型的 SNP 才须作进一步分析。这种能区分不同单元型的 SNP 称作“单元型标签”（haplotype tags）。基于单元型的分析比基于单个 SNP 分析可提供更多的生物学信息并且在分析 SNP 与表型相关性时更为有效。近几十年来一些栽培作物种质的多样性不断减少，其结果使连锁不平衡性增加，这有利于目的基因座上 SNP 单元型与表型的相关性分析。

第三章　甘蔗遗传转化

遗传转化，是指同源或异源的游离 DNA 分子（质粒和染色体 DNA）被自然或人工感受态细胞摄取，并得到表达的水平方向的基因转移过程。甘蔗遗传转化是应用重组 DNA 技术、细胞组织培养技术或种质系统转化技术，有目的地将外源基因或 DNA 片段插入到受体植物基因组中并获得新植株的技术。

第一节　常用植物表达载体介绍

表达载体（Expression vectors）就是在克隆载体基本骨架的基础上增加表达元件（如启动子、核糖体结合位点、终止子等），使目的基因能够表达的载体。

下面介绍常用的植物表达载体：

一、pBI 101

pBI 101 是植物转基因常用的高拷贝双元表达载体（图 3－1），该质粒含有 GUS 报告基因，含有 Lac 启动子，卡那霉素抗性。

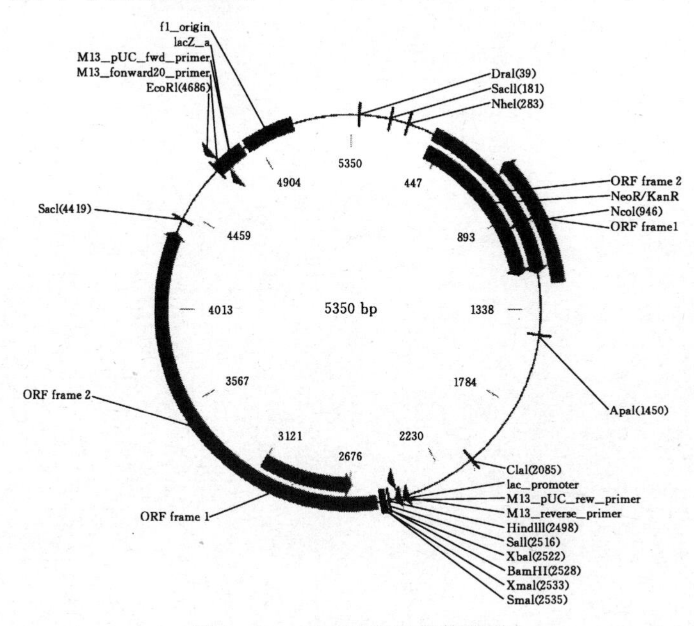

图 3－1　pBI 101 表达载体图谱

二、pBI 121

pBI 121 载体是双元植物表达载体（图 3－2），能高效转染植物。该载体来源于 pB 221

和 Bin19 载体。载体上含有从 ColE1 来源的 ori 复制元件，从 CaMV 中来源的 pROK1 元件，大肠杆菌新霉素磷酸转移酶Ⅱ基因（Neomycin phosphotransferase II Gene，NptII），新霉素抗性基因（Neomycin resistant gene，Neo），敏感基因 Beta 葡糖苷酸酶（glucuronidase），Ter 农杆菌 Ti 质粒胭脂氨酸合成酶原件等。pBI 121 载体是卡那霉素抗性质粒。

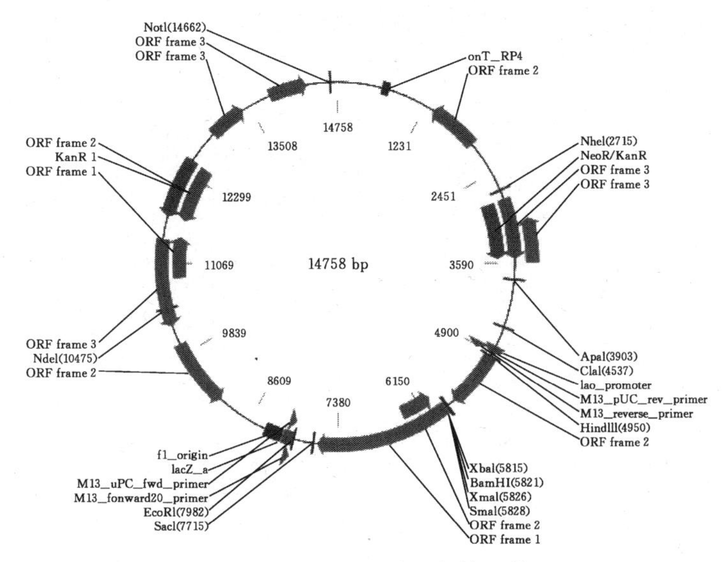

图 3-2　pBI 121 表达载体图谱

三、pBI 221

载体是高拷贝双元植物表达载体（图 3-3）。该载体来源于 pB 221 和 Bin19 载体。该质粒含 Lac、35S 启动子，含有 GUS 报告基因，pBI 221 载体是氨苄西林抗性。

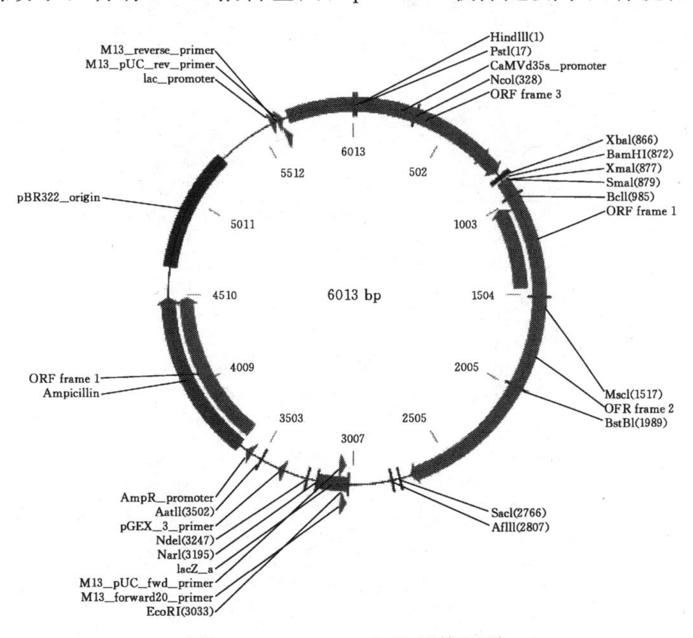

图 3-3　pBI 221 表达载体图谱

四、pCAMBIA3301

pCAMBIA3301 是植物转基因常用的高拷贝双元表达载体（图 3－4），质粒 pCAMBIA3301 含有 GUS 报告基因，为转基因阳性植株的检测提供了便利。该质粒含有 CaMV35S 启动子，含有编码抗除草剂草丁膦的 Bar 基因。

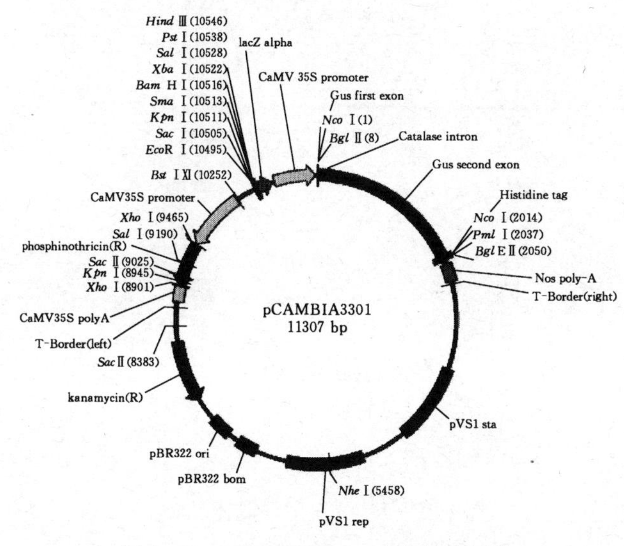

图 3－4　pCAMBIA3301 表达载体图谱

五、PL515－86

PL515－86 由 pCAMBIA300 改造而来，是植物转基因常用的高拷贝双元表达载体（图 3－5）。质粒 PL515－86 含有 UBI 启动子，含有 HYG 抗性基因。

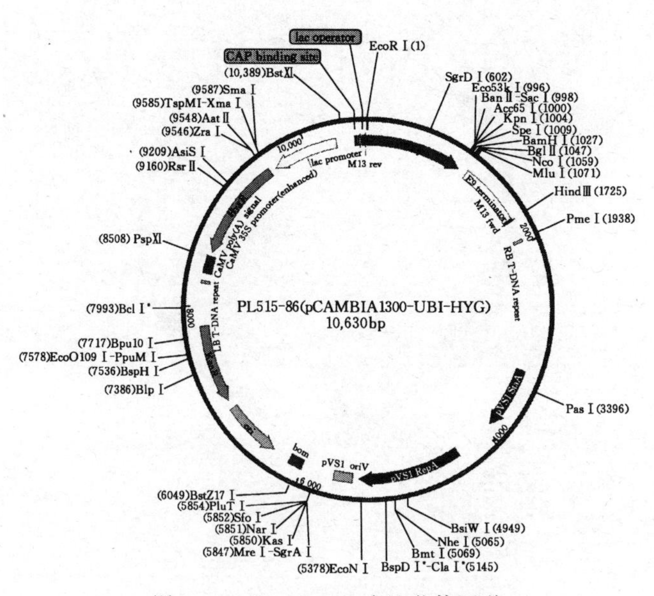

图 3－5　PL515－86 表达载体图谱

六、N－PL539－4

N－PL539－4由pCAMBIA300改造而来，是植物转基因常用的高拷贝双元表达载体（图3－6）。质粒N－PL539－4含有UBI启动子，含有Km抗性基因。

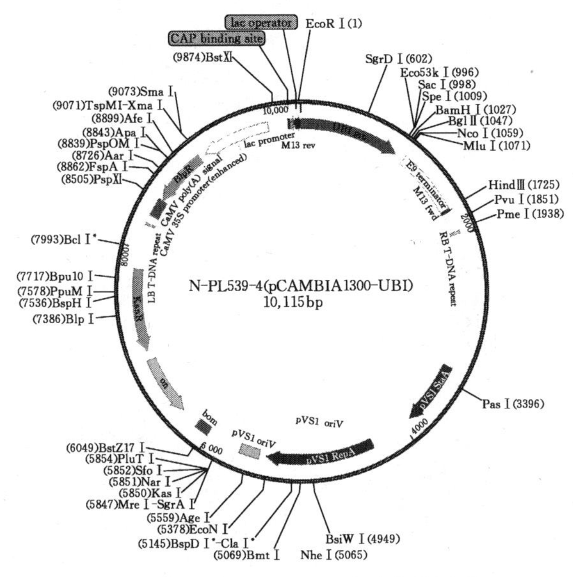

图3－6　N－PL539－4表达载体图谱

七、N－PL538－92

N－PL538－92由pCAMBIA300改造而来，是植物转基因常用的高拷贝双元表达载体（图3－7），质粒N－PL538－92含有UBI启动子，含有Km抗性基因。

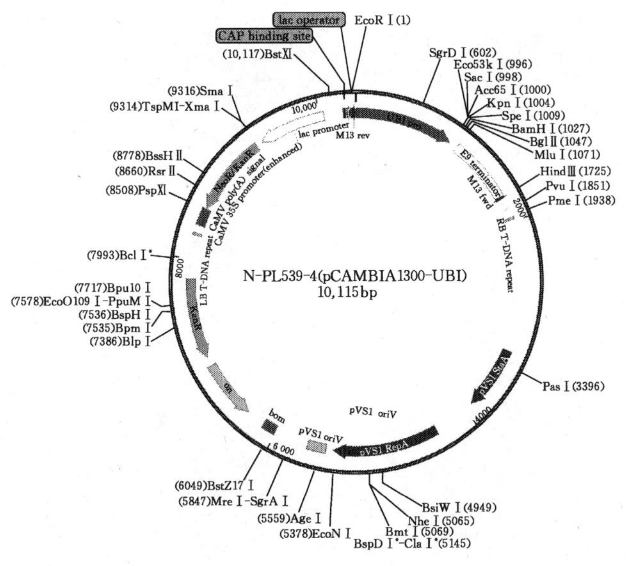

图3－7　N－PL538－92表达载体图谱

八、pCAMBIA1300

pCAMBIA1300 是植物转基因常用的高拷贝双元表达载体（图 3－8），质粒 pCAMBIA1300 含有 Hyg 筛选标记基因。该质粒含有 Lac 启动子，是卡那霉素抗性。

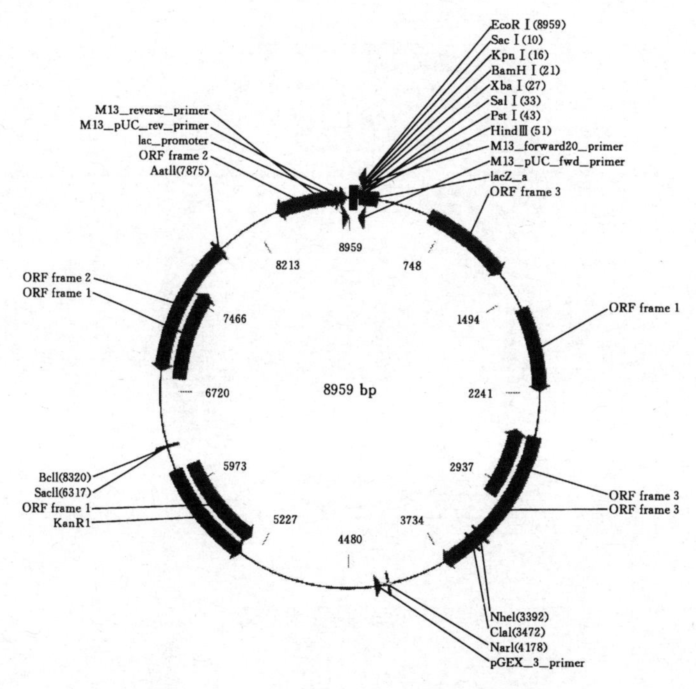

图 3－8　pCAMBIA1300 表达载体图谱

九、pCAMBIA1301

pCAMBIA1301 是植物转基因常用的高拷贝双元表达载体（图 3－9），质粒 pCAMBIA1301 含有 Hyg 筛选标记基因。该质粒含有 Lac、CaMV35S 启动子，是卡那霉素抗性。

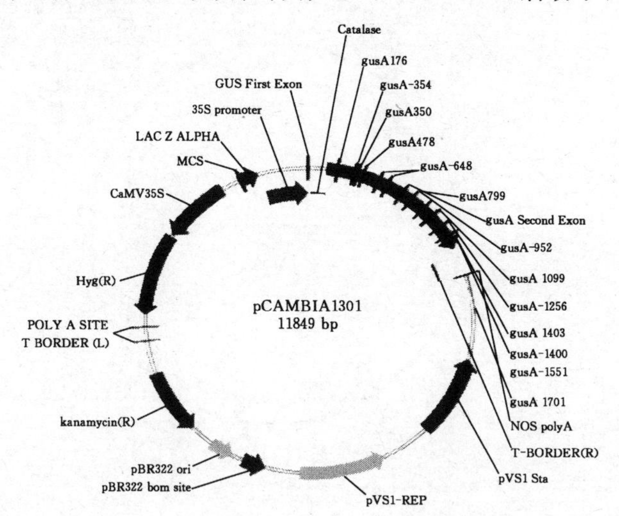

图 3－9　pCAMBIA1301 表达载体图谱

十、pCAMBIA1302

pCAMBIA1302 是植物转基因常用的高拷贝双元表达载体（图 3－10）。质粒 pCAMBIA1302 含有 Hyg、GFP 筛选标记基因。该质粒含有 CaMV35S 启动子，是卡那霉素抗性。

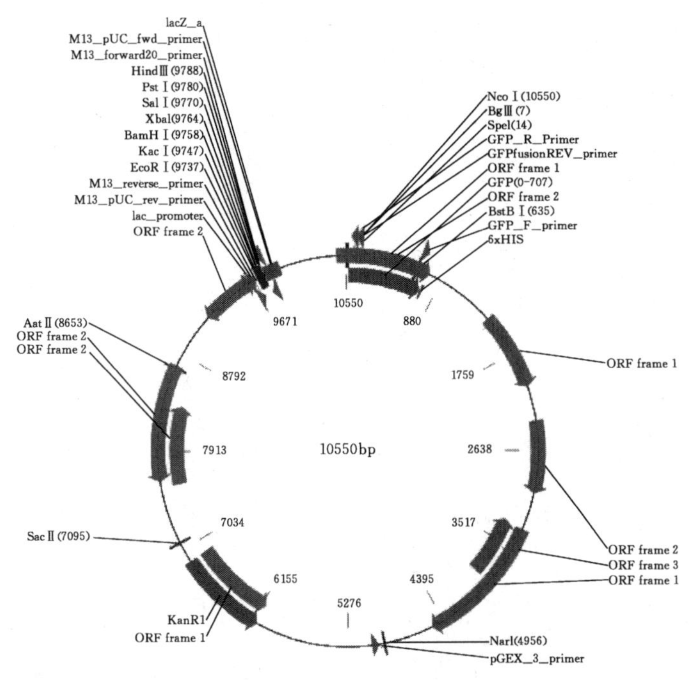

图 3－10　pCAMBIA1302 表达载体图谱

十一、pCAMBIA3300

pCAMBIA3300 是高拷贝植物双元表达载体（图 3－11）。含 Lac 启动子，筛选标记基因为 Bar 基因，载体抗性为卡那霉素。

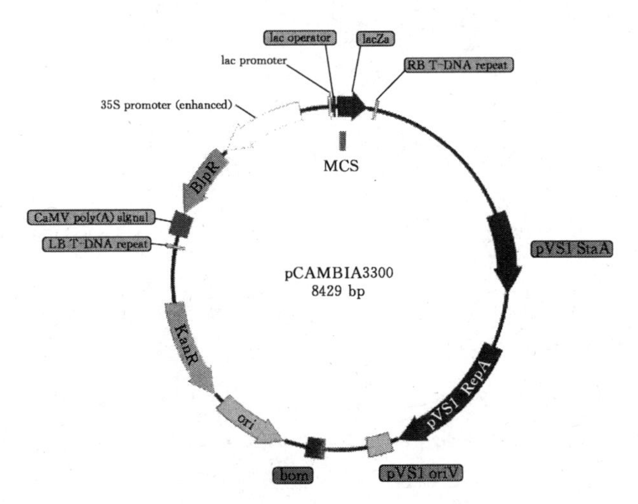

图 3－11　pCAMBIA3300 表达载体图谱

十二、pART27

pART27 是高拷贝植物双元表达载体（图 3－12）。含 NOS 启动子，筛选标记基因为 nptⅡ基因，载体抗性为壮观霉素。

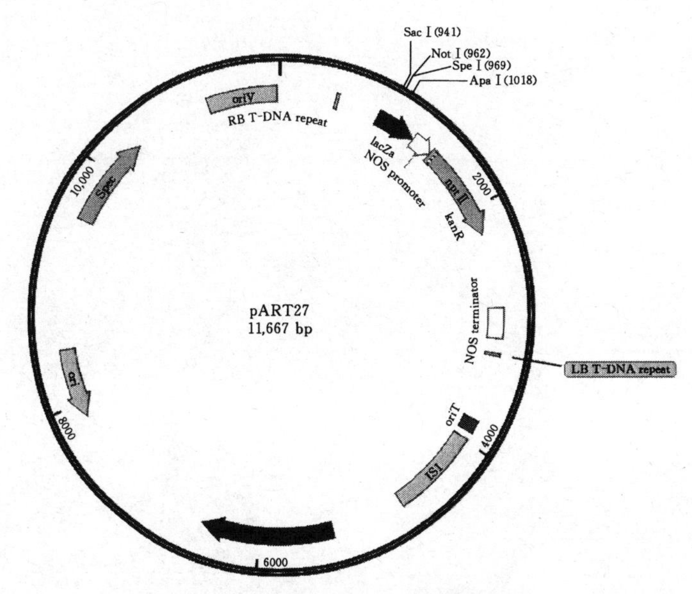

图 3－12　pART27 表达载体图谱

第二节　甘蔗组织培养

1. 实验目的　获得转化用的胚性愈伤组织。

2. 实验材料　甘蔗尾梢。

3. 实验仪器及试剂　灭菌锅、电子天平、纯水仪、超净台；MS 培养基、2,4－D、6－BA、NAA、琼脂、乙酰丁香酮、葡萄糖、果糖。

4. 实验操作

（1）基本培养基的配制：

胚性愈伤组织诱导培养基 MS_1：MS＋2,4－D 3.0 mg/L＋蔗糖 30 g/L＋Agar 6 g/L，pH 5.8。

愈伤组织分化培养基 MS_2：MS＋6－BA 2.0 mg/L＋NAA 0.1 mg/L＋蔗糖 30 g/L＋Agar 6 g/L，pH 5.8。

生根培养基 MS_3：MS＋NAA 4.0 mg/L＋蔗糖 30 g/L＋Agar 6 g/L，pH 5.8。

转化培养基 MR：1/2MS 大量元素＋MS 其他成分＋2,4－D 1.0 mg/L＋蔗糖 30 g/L＋AS 200 μmol/L＋葡萄糖 10 mmol/L＋果糖 10 mmol/L，pH 5.3。

共培养基：MS_1＋AS（乙酰丁香酮）100 μmol/L，pH 5.8。

（**注**：共培养培养基中添加乙酰丁香酮可提高转化效率）。

（2）愈伤组织的诱导、分化、幼苗生根：选择生长健壮的甘蔗植株尾梢，用 70％乙醇消毒表面，取其距顶端生长点约 10 cm 左右的幼嫩心叶组织作为外植体，将其横切成 0.2～0.5 mm 厚的薄片接种于胚性愈伤组织诱导培养基（MS_1）上，26～28 ℃暗培养 20～25 d，外植体膨大，边缘会长出水渍状愈伤组织，把水渍状的愈伤组织分小块接入新的愈伤组织诱导培养基 MS_1 内进行继代增殖培养，15～20 d 继代一次，直至长出淡黄色、干燥、致密的胚性愈伤组织。

挑取好的胚性愈伤组织，在超净台上剥成大小均一的小颗粒，转接入愈伤组织分化培养基（MS_2）中，光照培养箱内，26～28 ℃，2 000 lx 每天光照 16 h，黑暗 8 h，诱导出芽。15～20 d 后转入新的 MS_2 培养基中壮苗培养。

把 MS_2 中的幼苗在超净台上用镊子分成单株，转入生根培养基（MS_3）中生根，待根长到 8～10 cm 长，打开瓶盖炼苗 2～3 d 后，移植到装有营养土的盆中。

第三节　甘蔗的农杆菌遗传转化

1. 实验目的　通过农杆菌介导获得含目的基因的甘蔗转化植株。

2. 实验材料　甘蔗蔗梢、愈伤组织、含目的基因的农杆菌。

3. 实验仪器及试剂　超净台、灭菌锅、电子天平、离心机、摇床；YEP 液体培养基、乙酰丁香酮（AS）、抗生素。

4. 实验操作

（1）无菌受体材料的准备：选择生长健壮的甘蔗植株尾梢，用 70%乙醇消毒表面，取其距顶端生长点约 10 cm 的幼嫩心叶组织作为外植体，将其横切成 0.2～0.5 mm 厚的薄片接种于胚性愈伤组织诱导培养基（MS_1）上，26～28 ℃暗培养 20～25 d，转接至新的 MS_1 培养基上，经 2～3 代脱分化可获得淡黄色、致密的胚性愈伤组织。挑取胚性愈伤组织作为转化的受体材料。

（2）农杆菌工程菌液的制备：

① 挑取农杆菌单菌落接种到 10 mL 含抗生素的 YEP 液体培养基中，28 ℃，200 r/min 振荡培养至对数生长期。

② 取 1 mL 菌液放入 50 mL 含相应抗生素的 YEP 液体培养基中，28 ℃，200 r/min 振荡培养至 OD 值为 0.5～0.6。

③ 将菌液转到离心管中，4 ℃，5 000 r/min 离心 5～8 min，收集菌体。

④ 将菌体重悬于等体积含 200 μmol/L 乙酰丁香酮（AS）的 MR 液体培养基中，28 ℃，200 r/min 培养 2 h。

（3）农杆菌介导甘蔗遗传转化：

① 选取在 MS_1 培养基上生长旺盛的愈伤组织转移到新鲜的 MS_1 培养基上培养 4～5 d，活化后的愈伤组织作为转化材料。

② 用镊子将活化的愈伤组织夹碎成 2 mm^2 大小，置超净工作台上吹干（30～60 min），使愈伤组织块表面呈干缩状态。

③ 转至培养皿中，加入用 AS（200 μmol/L）活化 2 h 的农杆菌液，浸染 45 min，其间轻微振荡。

④ 用无菌滤纸将菌液吸干后转接到无抗生素含 100 μmol/L AS 的 MS_1 培养基上，共培

养 4 d。

⑤ 后转入含有相应抗生素的 MS_1 培养基中，每 15～20 d 继代一次。

⑥ 经过 2～3 代抗生素筛选，将抗性愈伤转至无抗生素的 MS_1 培养基上恢复培养 4 d。

⑦ 再转至 500 mg/L 头孢霉素和相应浓度抗生素的 MS_2 培养基中，28 ℃，光照 16 h 诱导出芽。

⑧ 经过筛选分化将存活的幼苗移至含相应浓度抗生素的 MS_2 培养基中。

⑨ 待苗长至 3～5 cm 高时移至含相应浓度抗生素的 MS_3 培养基中。

⑩ 长出 10 条根左右，打开瓶盖移至室外炼苗，2 d 后将小苗取出，用流水洗净附着的培养基，放在 80%空气相对湿度的温室中培养，待苗成活后分单株种植于装有营养土的盘中。

第四节　基因枪轰击法甘蔗遗传转化

1. 实验目的　利用基因枪将外源 DNA 直接导入甘蔗受体细胞，经分化获得转基因甘蔗植株。

2. 实验材料　甘蔗蔗梢、愈伤组织、外源 DNA。

3. 实验仪器及试剂　基因枪、超净台、离心机、灭菌锅、摇床；金粉、无水乙醇、亚精胺、氯化钙、甘油、无菌水。

4. 基因枪轰击法遗传转化实验操作

(1) 受体材料预处理：挑取胚性愈伤组织转接至 MS_1 培养基中培养 4～5 d。

(2) 微弹载体制备：称取 50 mg 金粉（直径 1 μm）置于 1.5 mL 离心管中。

加入 1 mL 无水乙醇，彻底涡旋，静置 15 min，14 000 r/min 离心 2～5 min。去掉上清液，加入 1 mL 无菌水，充分涡旋 1 min，静置 1 min，14 000 r/min 离心 5 min。重复 3 次。

将金粉重悬于 1 mL 50%甘油中。

每管 50 μL 分装保存（－20 ℃下储存时间最长 3 个月）。

取 50 μL 悬浮液于 1.5 mL 离心管中，依次加入 10 μL 的质粒 DNA（浓度为 1 μg/μL），50 mL 2.5 mol/L 的 $CaCl_2$ 和 20 μL 现配的 0.1 mol/L 的亚精胺，涡旋振荡 30～60 s。冰浴 5 min，3 000 r/min 离心 10 s，弃上清液。

加入 200 μL 70%乙醇，涡旋混匀，3 000 r/min 离心 10 s，弃上清液。重复一次。

加入 30 μL 无水乙醇，涡旋混匀，使金粉分散，待用。

(3) 微弹涂膜：用镊子将装有载体膜的金属钢套膜面朝上放入经高压锅灭菌的培养皿中（底部铺有一层无水氯化钙的滤纸），将已制备好的微弹不停涡旋，分别吸取 5 μL 金粉悬浮液，迅速均匀地涂布在载体膜中间，晾干。

(4) 基因枪轰击：将基因枪放置于超净工作台上，以利于无菌操作。用 70%酒精擦净真空室、枪室和封口螺母。

将可裂膜、载体膜、终止膜于 70%酒精中浸泡消毒 30 min，然后在超净工作台上用无菌滤纸吸干。

打开电源开关及氦气瓶阀，调节气压 1 100 psi。

取 5 μL 金粉悬浮液，滴在微弹载体膜的中心，让其自然吹干（此步骤要提前备好）。

将可裂膜放入金属固件中，旋紧螺母，安装好其他组件，将愈伤组织放置于培养皿中，用镊子将培养皿放在样品架上，调节轰击距离 6 cm 或 9 cm，关好轰击室门。

按“Vac”键，待真空表指示为 28 psi 时，迅速按到“Hold”档，保持真空状态。

按“Fire”键，当压力达到 1 100 psi 时，听到轰击声后，迅速放手。

按“Vent”键，使枪室内压回归为零后，打开密封门，取出样品。

使用完后，打一次空枪，使管中的余下的氦气释放出来，关闭氦气阀门，抽真空至 5 psi，按“Fire”键直到钢瓶上压力表降至 0 psi，关闭电源。

（5）转化后愈伤组织筛选与分化：将轰击后的愈伤组织在原培养基上培养 4 h，后转接到含筛选抗生素的 MS_1 培养基上，28 ℃，暗培养 15～20 d，后转接至含筛选抗生素的 MS_2 培养基中分化，28 ℃恒温培养，光照 12 h，光强 2 000 lx，每 15～20 d 转接一次，待幼苗长至 3～5 cm 高，转入 MS_3 生根培养基中生根，待根长到 8～10 cm 长，打开瓶盖炼苗2～3 d 后，移植到装有营养土的育苗盆中。

第四章　基因组原位杂交与显微检测技术

第一节　甘蔗染色体的核型分析（形态观察法）

1. 实验目的　了解观察染色体核型分析的形态观察方法。

2. 实验原理　染色体组型或称为核型是指染色体组在有丝分裂中期的表型，包括这一组染色体的数目、大小、形态、着丝点位置以及次溢痕、随体的有无等。染色体组型分析就是对染色体组中的染色体作上述各种形态特征的描述。通过染色体形态观察、测量相关指标，可以对染色体核型进行分类。

3. 实验材料和试剂　甘蔗根尖有丝分裂中期标本和显微摄影所得放大照片。要求染色体分散良好，无重叠或重叠很少，着丝粒、随体等形态清晰可辨。

4. 实验用具与试剂

（1）仪器用具：显微镜（附摄影装置）、冰箱、恒温水浴锅、载玻片、盖玻片、剪刀、胶水、镊子、白纸、解剖针、带橡皮头铅笔、刀片及毫米尺。

（2）药品试剂：无水酒精、70%酒精、冰乙酸、改良苯酚品红、1%醋酸地衣红染色液、对二氯苯、1 mol/L 盐酸、0.05%秋水仙碱、0.002 mol/L 8-羟基喹啉。

5. 实验步骤

（1）根的萌发和取材：甘蔗单芽种茎置于培养皿内湿滤纸上，30～35 ℃ 恒温箱中催芽，然后转至室温培养，待长出干净新根时取选取颜色嫩黄、分裂旺盛的根尖，用镊子掐断根尖顶端 0.8 cm 左右长度，根尖置于装有预处理液的试剂瓶中或是离心管中。预处理液可以用对二氯苯水饱和溶液、0.05%秋水仙碱或 0.002 mol/L 8-羟基喹啉，处理时间 2～4 h。

（2）固定与保存：取预处理好的根尖，70%乙醇洗 3～5 次，然后用新鲜配制的卡诺固定液（酒精∶冰乙酸＝3∶1）于 4 ℃冰箱固定 24～48 h，水洗 2 次，每次 10 min，95%酒精浸泡 10 min 后，换 70%酒精溶液浸泡，4 ℃冰箱长期保存备用。

（3）解离：取出根尖材料水洗 2 次，每次 10 min。将根尖材料纵向对剖，加 1 mol/L HCl 与 45%冰醋酸等体积混合液，于 60 ℃水浴锅解离 5 min、8 min、12 min、15 min、18 min（期间轻轻摇动数次，使解离更均匀），比较不同解离时间的制片效果，确定适宜的酸解时间。

（4）染色：解离好的根尖用水冲洗 10 min，分别用改良苯酚品红和 1%醋酸地衣红进行滴染或整体染色，以筛选适宜的染色时间和染色方法。

（5）制片方法：采用压片法进行制片，将解离好的根尖材料取出置于载玻片上，切下根尖 0.2 mm 部位，分割成 3～4 小块，滴改良苯酚品红染色液进行染色，迅速用镊子将组织块夹碎，加盖玻片，用带橡皮头的铅笔轻轻敲压，待所有组织均匀散开压平即可。

（6）镜检和拍照：显微镜下观察，选择染色体分散良好，无重叠或重叠很少，着丝粒、随体等形态清晰可辨的染色体，进行拍照和分析。

（7）测量：在已放大的照片上对染色体进行测量和描述，根据下列指标记录染色体形态测量数据：

臂率＝长臂/短臂

着丝粒指数＝短臂/该染色体长度

总染色体长度＝该细胞单倍体全部染色体长度（包括性染色体）之和

相对长度＝每一个染色体的长度/总长度

（8）配对：根据测量数据，即染色体相对长度、臂率、着丝粒指数、次溢痕的有无及位置、随体的性状和大小等进行同源染色体配对。

（9）染色体排列：染色体对从大到小，短臂向上、长臂向下，各染色体的着丝粒排在同一条直线上。有特殊标记的染色体（如含有随体的）及性染色体的单独排列。

（10）剪贴：将上述染色体按顺序粘贴在实验报告上，粘贴时，应使着丝点处于同一水平线上，一律短臂在上，长臂在下，构成核型图。

要求：染色体从大到小，短臂向上，长臂向下，各染色体着丝粒排在同一直线上。有特殊标记的染色体（如含有随体的）可单独排列如表 4－1。

表 4－1　染色体形态测量及描述

臂比（长臂/短臂）	形态特征
1～1.7	m 中着丝粒染色体
1.71～3.0	sm 近中着丝粒染色体
3.01～7.0	st 近端着丝粒染色体
＞7.01	t 端着丝粒染色体

第二节　甘蔗杂交后代基因组原位杂交技术（GISH）

基因组原位杂交（GISH）是自 20 世纪 80 年代后期在荧光原位杂交技术的基础上发展而来的以外源基因组 DNA 作探针的原位杂交技术。其原理是利用物种间 DNA 同源性的差异，以被标记的来源不同的亲本之一的总基因组 DNA 为探针，适宜浓度的其他亲本的总基因组 DNA 作封阻，标记的染色体组 DNA 作探针与靶染色体进行原位杂交，通过对染色体显示出不同的颜色，区别不同染色体或染色体片段来源。应用这一技术可对多倍体中基因组之间的亲缘关系、基因组组成及起源进行研究，对杂交种中染色体组的组成进行分析；对代换系、附加系和易位系进行有效的鉴定，并对其中的外源染色体或染色体片段的来源、大小、数目及发生位点进行检测和定位等。

1. 实验目的　了解观察甘蔗父、母本和杂交后代染色体的 GISH 观察方法。

2. 实验原理　甘蔗基因组原位杂交技术（GISH）源自原位杂交技术，利用甘蔗的父、母本的基因组，制备探针，通过应用不同颜色荧光标记物（如生物素、地高辛等）标记探针，杂交后经洗脱、复染、封片等处理后显微镜下观察，可以清楚分辨杂交后代染色体的来源，以弄清甘蔗杂交育种工作中染色体来源不清的难题。

3. 实验材料 甘蔗母本亲本材料，父本亲本材料，两者杂交获得的 F_1 后代。

4. 实验用具与试剂

（1）仪器用具：显微镜（附摄影装置）、冰箱、恒温水浴锅、载玻片、盖玻片、剪刀、胶水、镊子、白纸、解剖针、刀片及毫米尺、纱布、托盘、恒温烘箱、离心管、指形管。

（2）药品试剂：无水酒精、70%酒精、冰乙酸、对二氯苯、1 mol/L 盐酸、纤维素酶、果胶酶。

卡诺固定液：无水乙醇∶冰乙酸＝3∶1（*V/V*）混合。

对二氯苯饱和水溶液：现配现用，称取 5 g 对二氯苯结晶，用 40～45 ℃蒸馏水 100 mL 溶解，振摇 5 min，静置 1 h，取上清液。

1 mol/L 盐酸：量取 10 mL 浓盐酸加水稀释后定容至 120 mL。

0.075 mol/L KCl 溶液：称取 0.559 g KCl，加水溶解后定容到 100 mL。

3.5%纤维素酶：称取 3.5 g 纤维素酶，加水溶解后定容至 100 mL。

1.75%果胶酶：称取 1.75 g 纤维素酶，加水溶解后定容至 100 mL。

Giemsa 染色液：以 1 g 的 Giemsa 色素染料加入 66 mL 甘油，混匀，60 ℃保温溶解两小时，再加入 66 mL 甲醇混匀，即配成姬姆色素原液。具体配制用量要根据实验需要做相应调整。此原液用前用 PBS（6.8）稀释十倍左右就可以使用（此为 Giemsa 工作液）。工作液可保存一个月左右。

DNA 提取所用的试剂参考第一章。

探针标记和原位杂交所用的试剂详见以下具体步骤内容。

5. 实验步骤

（1）根尖材料培养：田间选取健壮的甘蔗植株，砍取其中根点发育良好，未长气生根的蔗茎，按双芽茎斩断，洗净后置于盘中加少量水并盖湿纱布，于 28 ℃恒温培养箱中培养，待长出 1～2 cm 幼嫩根备用。

（2）切片制备：染色体制片采用酶解去壁低渗法。

① 取根尖装指形管中，用对二氯苯饱和水溶液浸泡 3～5 h，进行预处理，以增加有丝分裂中期相的数量。处理液用量为根尖的 20 倍（*V/V*）。

② 弃去预处理液，根尖用蒸馏水冲洗 3～5 次，每次 5 min，清洗好的根尖加入卡诺固定液，于 4 ℃冰箱固定 12 h 以上。

③ 弃去固定液，根尖用蒸馏水冲洗 3～5 次，每次 5 min，清洗后的根尖转入 0.075 mol/L KCl 溶液中进行前低渗处理 30～60 min。此步骤中的根尖可用 70%酒精保存在 4 ℃冰箱待以后再处理。

④ 弃去 KCl 溶液，蒸馏水冲洗 3～5 次，每次 5 min，加入 0.25 N HCl 溶液，室温下解离 10 min，解离结束后，双蒸水洗 2 次，每次 5 min，然后加入纤维素酶和果胶酶浓度分别为 3.5%和 1.75%的混合液中，37 ℃酶解离 6～8 h，解离过程中轻摇数次以使其解离充分。

⑤ 冲去解离液，蒸馏水冲洗 3 次，动作尽可能轻缓，以防细胞游离，清洗好的根尖用蒸馏水进行后低渗 30～60 min。

⑥ 取 1～2 条酶解好的根尖，放到防脱载玻片上，用滤纸吸去多余水分，加适量固定

液，用牙签轻轻涂片，去除大块残渣，再滴一滴固定液，使用细胞分散开，避免重叠。

⑦ 载玻片在酒精灯上微烧烤，干燥玻片，在相差显微镜下观察，挑选染色体分散度好清晰的玻片，记下中期分裂相染色体的坐标，玻片置于－20 ℃冰箱待用。

（3）基因组 DNA 的提取：甘蔗叶片基因组总 DNA 采用改良的 SDS 法。详细操作参考第一章：甘蔗总 DNA 的提取。分别获得甘蔗父母本样品的总 DNA。

根据实验目的，用软件设计 25～50 nt 的寡核苷酸探针，送公司合成探针并在合成的寡核苷酸探针上进行荧光基团修饰。在本试验中甘蔗父本材料用生物素标记，母本材料用地高地高辛标记。

（4）探针的标记（切刻平移法）：

生物素标记探针制备

方法：参照试剂盒 Biotin - Nick - Translation - Mix（Cat. No. 10976776001）说明书和 1992 年李柏青的方法。

① 需要的试剂。

A. 切口平移试剂如表 4 - 2。

表 4 - 2　切口平移试剂组成

成　　分	终浓度
Bio - 11 - dUTP（用 50 mmol/L Tris - HCL，pH 7.5 缓冲液配制）	0.4 mmol/L
dATP	0.4 mmol/L
dGTP	0.4 mmol/L
dCTP	0.4 mmol/L

使用时，dATP、dGTP、dCTP 先按 1∶1∶1 比例混合。

B. 10×切口平移缓冲液如表 4 - 3。

表 4 - 3　10×切口平移缓冲液

成　　分	终浓度
Tris - HCl（pH 7.5）	0.4 mol/L
$MgCl_2$	0.1 mol/L
二硫苏糖 DDT	1 mmol/L
牛血清白蛋白 BSA	0.5 mg/mL

C. 酶混合液：DNase Ⅰ终浓度 100 pg/μL（用 50%甘油和 1×切口平移缓冲液稀释），DNA 聚合酶Ⅰ终浓度 10 U/μL。

② 探针标记制备步骤。

A. 生物素 11 - dUTP（Bio - 11 - dUTP）的标记。将离心管置冰上，加以下反应液如表 4 - 4。

表 4-4 生物素 11-dUTP（Bio-11-dUTP）反应液

成 分	用 量
甘蔗父本 DNA	0.1～0.2 μg
dATP，dGTP，dTTP 混合液	3 μL
10×Buffer	3 μL
Bio-11-dUTP	2 μL
酶混合液	2 μL
无菌三蒸水至终体积	20 μL

混匀，15 ℃下孵育 35 min。加入 1 μL 0.5 mol/L EDTA（pH 8.0）或是加热至 65 ℃ 10 min 终止反应。

最后为得到更好的探针，可以 SephadexG50 分离柱分离。或是加入 5 mol/L NaCl 1 μL+2 倍体积的冷无水乙醇，混匀，－20 ℃ 2 h 以上，离心取沉淀，用 70 和 80%乙醇各洗一次，负压抽干后用 TE 溶解保存。或是不溶解，置于 4 ℃冰箱中保存待用。

B. 地高辛 11-dUTP（Dig-11-dUTP）标记。

参照 Bio-11-dUTP 的方法，制备 Dig-11-dUTP 标记作甘蔗母本 DNA 探针。

注：DNA 探针也可从有关专业生物公司购买制备好的试剂盒进行标记。

（5）荧光原位杂交

① 杂交前处理：制备好的染色体玻片在 60 ℃ 烘箱中干燥 3～5 h。然后置于 1 μg/mL RNase A（用 2×柠檬酸盐—氯化钠溶液 SSC 稀释）37 ℃处理 1 h，2×SSC 冲洗 3 次，每次 5 min。

② 杂交液配制（50 μL 体系）如表 4-5。

表 4-5 杂交液成分

成 分	体 积	终浓度
去离子甲酰胺	25 μL	50%
10%硫酸葡聚糖	10 μL	10%
2×SSC	5 μL	2×SSC
20%SDS	1.5 μL	0.6%
Biotin 探针标记的 DNA	150 ng	3 ng/μL
Digoxigenin 探针标记的 DNA	150 ng	3 ng/μL
5 μg/μL 鲑精 DNA	2 μL	200 ng/μL

③ 变性与杂交

变性：可选择共变性（同时变性）或分开变性方法之一。

A. 共变性：玻片的目标染色体区加 50 μL 含探针的杂交液，盖片后于 80 ℃共变性 5 min，冷却到 37 ℃杂交过夜；然后洗脱与信号检测。

B. 分开变性：加 70%去离子甲酰胺于玻片上，盖片后分别于 70～80 ℃对染色体制片变性各 2.5 min，去盖片后迅速转入－20 ℃ 预冷的 70%、95%和 100%乙醇中逐级脱水各

5 min，空气干燥，加 50 μL 杂交液（于 97 ℃变性 10 min 后立即冰浴，并含探针）于染色体制片上，盖片后 37 ℃杂交过夜；然后洗脱与信号检测。

C. 洗脱与信号检测：去盖片后玻片于 42 ℃的 2×SSC 温育 10 min；随后玻片再置于2×SSC 室温下冲洗 3 次，每次 3 min；在 4×SSC/Tween20 室温下冲洗 5 min；用 5%的 BSA 封闭 30 min，加 50 μL Anti-digoxigenin-fluorescein（2 μg/mL），盖片 37 ℃温育 1 h；去盖片，4×SSC/Tween20 冲洗 3 次，每次 8 min，用含 PI（碘化丙锭，propidiumiodine）抗褪色剂封片；利用 Carl Zeiss Scope. A1 荧光显微镜观察，用 Axio Vison4.7 软件采集图像。

（6）染色体的核型分析：生物素标记的甘蔗父本染色体显绿色，地高辛标记的甘蔗母本染色体显红色，可以观察到杂交后代染色体中来源于父母本的数量和位置。

染色体图像可以用 Isis 软件进行核型分析，对不同染色体进行分类。

第三节 甘蔗组织的石蜡切片技术（附 HE 染色方法）

石蜡切片（paraffin section）是组织学常规制片技术中最为广泛应用的方法。石蜡切片可以观察正常细胞组织的形态结构，还可用于研究、观察组织、器官、细胞在各种生长发育进程和逆镜胁迫下的形态响应情况，广泛地用于其他许多学科领域的研究中。石蜡制片程序及环节繁多，需数日才能完成 1 个周期，但切片可长期保存，供教学、科研及病理诊断及复查，并可利用蜡块做其他项目的回顾性研究。石蜡切片不仅是经典的方法，又是最基本的方法，它与其他新的技术方法相结合，如与免疫学技术结合构成免疫组织（细胞）化学技术，利用抗原与抗体的特异性结合原理，检测组织切片中细胞组织的多肽及蛋白质等大分子物质的定性和定位观察研究。石蜡包埋组织流式细胞仪 DNA 含量分析是石蜡包埋组织切片与流式细胞术（flow cytometry，FCM）结合使用来测量 DNA 含量及倍体分析，是快速定量分析细胞的技术，目前已可测量细胞的大小、体积、DNA 含量、DNA 合成速率、RNA 含量、表面抗原、染色体等。石蜡包埋组织切片还可用于细胞原位核酸分子杂交技术中，可对材料中被杂交的 DNA 分子进行定位、含量分析或观察基因表达（mRNA）水平。这些新技术的融合使传统的老技术扩大了应用范围，开辟了许多新领域，增加了许多新的研究和观察内容。

1. 实验原理 采用光学显微镜研究一般生物体的内部结构，在自然状态下是无法观察清楚的，多数动、植物材料都必须经过某种处理，将组织分离成单个细胞或薄片，光线才能通过细胞以便观察。

2. 实验目的 熟练掌握石蜡切片的制片过程和 HE 染色方法。

3. 实验材料 甘蔗叶片或是茎段。

4. 实验用具与试剂

（1）器材：石蜡切片机、熔蜡机（如没有可以用蜡杯放在恒温箱中熔解）、恒温箱、展片台（也可以用恒温水浴锅代替）、真空泵、指形管、切片刀、解剖刀、解剖针、剪刀、托盘、培养皿、吸管、镊子、单面刀片、毛笔、酒精灯、包埋盒（也可以牛皮纸折成纸盒代替）、染色缸、盖玻片、载玻片、玻片盒、显微镜。

（2）试剂：

① 卡诺固定液：100%酒精∶冰醋酸=3∶1。

② FAA 固定液：70%酒精 90 份+冰醋酸 5 份+甲醇 5 份。

③ 梯度酒精（50%～70%～85%～95%～100%）：100%酒精与水按体积比配制各梯度酒精。

④ 1%盐酸乙醇：盐酸 1 mL，用 70%酒精定容至 100 mL。

⑤ 甘油蛋白粘片剂：取一个鸡蛋的蛋清，玻棒打成雪花泡沫状，双层纱布过滤，静转置数小时或过夜，得到透明蛋白液，加入等量甘油，轻轻振荡使混合，最后加入少许防腐剂（水杨酸钠或苯酚），4 ℃保存备用，可保存数月。

⑥ 埃利希苏木精染色液配制

原料：苏木精染料 1 g、纯酒精 50 mL、冰醋酸 5 mL、甘油 50 mL、硫酸铝钾 5 g、蒸馏水 50 mL。

配制方法：

先将苏木精染料溶于 15 mL 左右的纯酒精中，然后加入冰醋酸。

然后加入甘油，晃动混匀，并加入余下酒精。

硫酸铝钾在研钵中研碎并加热，溶解在水中。

将温热的硫酸铝钾一滴一滴地慢慢加入苏木精溶液中，并不断搅拌。

混合完毕后，装瓶中，瓶口用厚纱布封口，置于黑暗并通风处让其氧化成熟，其间不定时的摇动。成熟时间 3～4 周。此染色液染色均匀，染核效果良好，不会发生沉淀，可长期保存。

其他试剂：二甲苯、石蜡（熔点 45 ℃，52～54 ℃，58～60 ℃）、蜂蜡、中性树胶。

5. 实验步骤

（1）基本流程：

切片的流程：取材—固定—洗涤—脱水—透明—透蜡—包埋—切片—装片—进入染色程序或是贮存备后期处理。

染色的流程：切片的脱蜡复水—染色—水洗—分化—漂洗—脱水—透明—封藏。

（2）详细步骤：

① 取材：用锋利解剖刀切取新鲜叶片或是茎段材料，大小以 5 mm×5 mm×3 mm 为宜。

注意：材料选择时须尽可能不损伤植物体或所需要的部分；取材必须新鲜，尽可能割取新鲜的组织块，并随即投入固定液；切刀要锐利，避免因挤压细胞使其受到损伤。组织块切成大小以 5 mm×5 mm×3 mm 为宜，以利于固定液穿透，最好不要超过 10 mm×10 mm×5 mm。

② 固定：材料切取后立即投入装有固定液的指形管中，固定液与材料体积比一般为 15～20∶1，然后用真空泵抽气处理 15 min。固定时间 24～48 h，固定结束后，将材料用 70%酒精清洗数次，然后再用 75%酒精浸泡保存。FAA 固定液可以作为长期保存液使用。

③ 脱水和透明：将材料用 70%酒精清洗数次，进入脱水透明程序。脱水透明流程如图 4-1 如示。

材料经以上流程依次梯度脱水、透明，每一级脱水可以用真空泵抽气处理 15 min，加速酒精和二甲苯渗透进组织中，然后静置 1.5～4 h。脱水透明好的材料可以开始转入透蜡程序。

④ 透蜡：

A. 透明程序结束后，倒去多余的二甲苯，保留仅能稍没过材料的液体，然后用棉纸隔开材料，上层加入熔点 45 ℃石蜡，置于 45～47 ℃恒温箱，处理 12 h 以上，可过夜。可根据材料大小适当延长时间 2～3 d 以便更好地渗入石蜡。

B. 提前将熔点 50～52 ℃ 石蜡熔化成液体状态，按材料份数分装到小坩埚中，然后放到 54～56 ℃恒温箱，待石蜡温度降到 53～54 ℃，然后在恒温灯下，将透好蜡的材料转到小坩埚中，54～56 ℃恒温箱中放置 2～4 h，进行一级透蜡。

C. 提前将熔点 56～58 ℃石蜡熔化成液体状态（二级蜡），按材料份数分装到小坩埚中，然后放到 58～60 ℃恒温箱，待石蜡温度降到 58～60 ℃，然后在恒温灯下，装上述透蜡的材料转到二级蜡，58～60 ℃恒温箱中放置 2～4 h，进行二级透蜡。夏天温度太高时，也可以适当使用熔点较高的石蜡（60～62 ℃）。

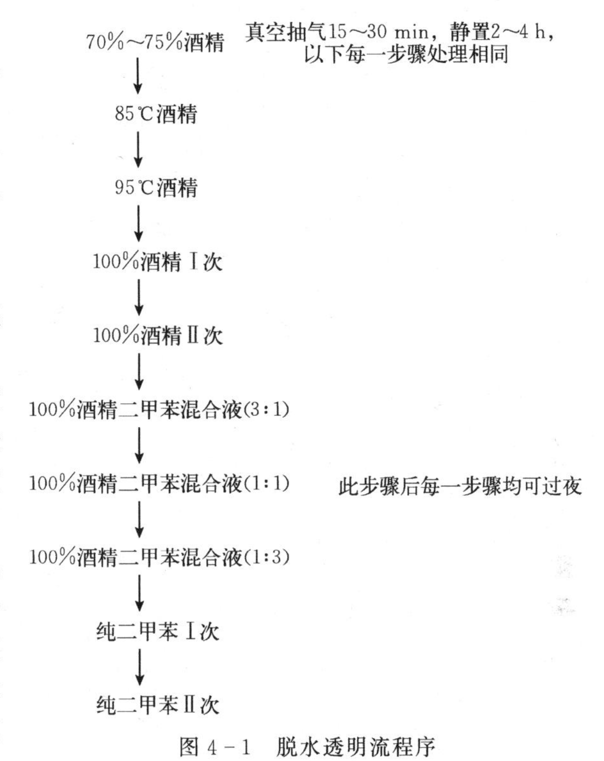

图 4－1　脱水透明流程序

注：此过程也可以使用透蜡机进行。

⑤ 包埋：透蜡结束后，开始包埋。包埋石蜡的熔点与二级蜡一致。

用包埋机进行包埋的流程：

A. 先装包埋蜡放到熔蜡缸中加热熔解，温度不超过 70 ℃。

B. 包埋模具放置在包埋机工作区，里面先加一些加热好的石蜡，然后用装透好蜡的材料摆放到模具中，并标记好材料摆放的方向，以便后期修片时确定材料的方位。打开石蜡配给器的输出口，加入石蜡，进行包埋。待石蜡冷却硬化后，得到包埋好的材料。常温或是 4 ℃保存待后续切片。

如果没有包埋机，可按如下包埋流程操作：

A. 用直径 15 cm 的大培养皿加入自来水，作冷却装置，也可以用厚玻璃板作冷却装置。包埋模具可以用牛皮纸折成小纸盒，纸盒长宽高分别为 15 cm×2 cm×3 cm 左右，不宜过大，每个纸盒可以包埋 3 个样品（图 4－2）。

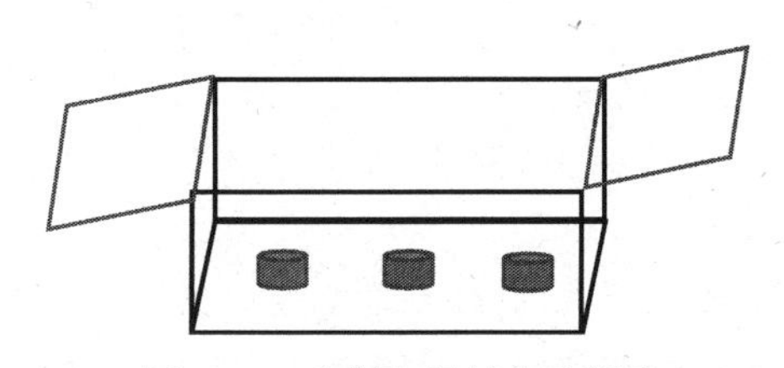

图 4－2　自制包埋纸盒示意图

B. 包埋蜡用加热器加热保持在液体状态。

C. 包埋时，先在纸盒中加入熔化的包埋蜡，待低部冷却凝结成固体状态时，用加热过的镊子夹取材料，摆放在纸盒中。如果有小气泡，可以用加热的解剖针稍搅拌一下，赶走气泡。

D. 包埋好的纸盒转到放有冰水的小盆中漂浮冷却，待全部凝结成固体后取出晾干待切片用。

⑥ 切片：

A. 定位：用单面刀片先将材料切成大块，然后根据切片所需要的方向，确定石蜡块的上下底面。

B. 修块：先装顶面切平，切去多余直至距离材料只有 2～3 mm，可以看到材料位置。然后再将四个侧面修成梯形，最后装底面修平，顶面的面积要小于底面的面积，如图 4－3 所示。

顶面
材料
底面

图 4－3　石蜡块修块后的形状

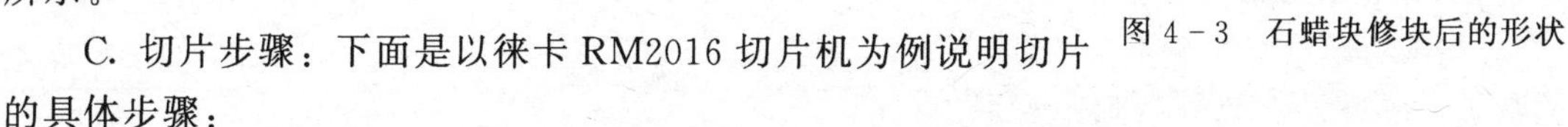

C. 切片步骤：下面是以徕卡 RM2016 切片机为例说明切片的具体步骤：

每次在使用操作切片刀和标本或是更换标本前，一定要锁定手轮，并到护刀罩将刀刃遮住。

切片具体操作步骤如下：

a. 锁定手轮，应先夹紧标本再装切片刀。

b. 将修好的石蜡块粘在标本夹上，在使用切片刀和一次性切片刀时，一定要十分小心，因为刀刃锋利无比，小心受伤。

c. 转动粗转轮，装标本退到后面的极限位置。将护罩移向刀架中间。装切片刀插入刀架，夹紧。调节切削角度。

d. 将基体上的刀架尽可能靠近标本。调整标本的表面位置，使之与刀刃尽可能平行。

e. 松开手轮，在切片时，匀速转动手轮，可以再次修片。当修到所希望的表面时，停止修片。选择想要的切片厚度，一般选择 10～12 μm。

f. 顺时针匀速转动手轮，切片，用毛笔取下切下的石蜡条带，放在加有水滴的玻片上，在加热台上进行展平，待石蜡片伸展平整，贴服在石蜡片上后，放置在玻片盒中。

⑦ HE 染色方法

A. 将上述玻片，在 40～42 ℃恒温箱中继续烘干 2～3 d，以保证切片干燥充分。然后可以开始进行染色流程，玻片放置在染色架上，然后按下述流程（图 4－4）依次进行脱蜡—复水—染色，步骤中时间没有特别说明的均为 30 s～2 min：

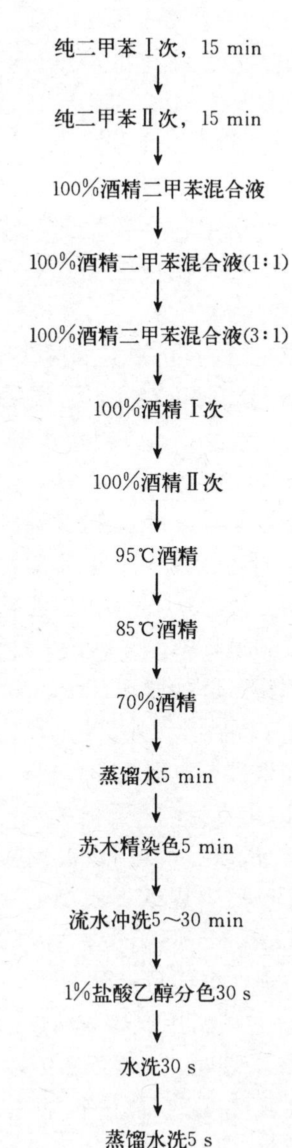

图 4－4　脱蜡—复水—染色流程

B. 玻片加盖玻片后可以在显微镜下观察，细胞核被苏木精染成蓝黑色，细胞壁边界清晰，细胞质无色。也可以在苏木精染色结束后再用番红—固绿进行衬染，这样可以看到细胞核为蓝黑色，细胞质染成绿色，维管组织染成红色。

C. 切片如果想制成永久玻片，则按脱蜡复水流程相反的流程进行 75%酒精至 85%酒精至 95%酒精至 100%酒精

Ⅰ次至100%酒精Ⅱ次至纯酒精二甲苯混合液（3∶1）至纯酒精二甲苯混合液（1∶1）至纯酒精二甲苯混合液（1∶3）至二甲苯Ⅰ次至二甲苯Ⅱ次的脱水透明流程，然后，滴上中性树胶，盖上盖玻片，酒精灯稍热伸展至盖玻片平展贴合，然后42 ℃烘箱干燥1周左右，获得永久封片。

第四节　甘蔗组织冷冻切片技术

冰冻切片（frozen section）是一种在低温条件下使组织快速冷却到一定硬度，然后进行切片的方法。其制作过程较石蜡切片快捷、简便，冰冻切片与石蜡切片相比，不经过任何化学、药品处理或是加热主过程，可以大大缩短制片时间，可以快速观察组织细胞结构，适用于快速观察或是免疫组织化学。

1. 实验目的　熟练掌握冰冻切片的制片方法。

2. 实验原理　冷冻切片主要是以水或胶为包埋剂，将组织冰冻至坚硬进行切片。

3. 实验材料　甘蔗新鲜材料叶、茎、根。

4. 实验用具与试剂

（1）实验用具：冰冻切片机，培养皿，吸管，镊子，单面刀片，毛笔，盖玻片，载玻片，玻片盒，显微镜，恒温箱，展片台。

（2）试剂：甘油、二甲基亚砜、明胶。

10%明胶：10 g明胶用80 mL去离子水加热至完全溶解，最后定容至100 mL。然后保存在4 ℃冰箱中，用时再加热至液体状态冷却至室温使用。

20%明胶：20 g明胶用80 mL去离子水加热至完全溶解，最后定容至100 mL。保存及使用方法同10%明胶。

5. 实验步骤

（1）取材：新鲜材料用单面刀片切成3 mm×3 mm×2 mm左右大小，不宜过大。

（2）材料速冻前预处理：材料放指形瓶，分别经5%甘油，10%甘油，纯二甲基亚砜各级处理，每一级处理时间2 h。

（3）包埋：经预冻处理后，材料包埋在20%明胶中，－20 ℃冰冻凝固。也可以将材料用冰冻包埋盒中，包埋在20%明胶中，然后放在液氮中冻成冻块。

（4）切片：用解剖刀从明胶冻中切出要切的材料。按以下冷冻切片机操作方法进行切片（以Leica CM900冷冻切片机为例）：

① 开启电源，用箱体温度设置按钮将箱体温度设置到所需温度，不切片的时间温度设置为－10～－5 ℃，切片温度根据材料不同一般可以控制在－30～－20 ℃。切片机冷却到工作温度大约需要2 h，如关机后第二天有样品，应提前一天开机制冷。如需常年开机，可以将夜间温度设置为－12 ℃。

② 用样品头温度设置按钮设置样品头温度。

③ 将样品放在样品托上，利用包埋剂固定，放到冷冻台上冷冻。

④ 安装切片刀，调节切片角度（一般调节为与材料垂直面呈15°～20°），调节切片厚度（一般切片厚度为15～20 μm）。

⑤ 将冷却透的样品放到样品头上，用样品快进按钮将样品移近刀口。调整要切的平面，

利用慢进按钮开始修片，修好后即可放下防卷板，如有需要可调节防卷板的上下位置，使切出的样品平整的进入防卷板与刀片的狭缝。

⑥ 切下的切片用毛笔黏取，放到滴有水滴的载玻片上，室温放置 20 min 后，可以开始进行固定、染色，然后盖上盖玻片后在显微镜下观察。

⑦ 切片结束后，停机时，应将玻璃窗打开，开次开机前应先检查切片机内是否有水，如有水，吹干后再开机，再取出隔板检查切片机箱体底部是否有水，如有需要，拔开底部的塞子，将水排除，吹干后再开机。

第五节　甘蔗细胞骨架观察方法（免疫荧光法）

狭义的细胞骨架（cytoskeleton）概念是指真核细胞中的蛋白纤维网架体系包括微管（microtubule，MT）、微丝（microfilament，MF）及中间纤维（intermediate filament，IF）组成的体系，它所组成的结构体系称为“细胞骨架系统”，与细胞内的遗传系统、生物膜系统、并称“细胞内的三大系统”。直到 20 世纪 60 年代后，采用戊二醛常温固定，才逐渐认识到细胞骨架的客观存在，它是真核细胞借以维持其基本形态的重要结构，被形象地称为细胞骨架，它通常也被认为是广义上细胞器的一种。细胞骨架不仅在维持细胞形态，承受外力、保持细胞内部结构的有序性方面起重要作用，而且还参与许多重要的生命活动，如：在细胞分裂中细胞骨架牵引染色体分离，在细胞物质运输中，各类小泡和细胞器可沿着细胞骨架定向转运；在肌肉细胞中，细胞骨架和它的结合蛋白组成动力系统；在白细胞（白血球）的迁移、精子的游动、神经细胞轴突和树突的伸展等方面都与细胞骨架有关。另外，在植物细胞中细胞骨架指导细胞壁的合成。

1. 实验目的　学习并掌握甘蔗细胞骨架观察的实验操作方法。

2. 实验原理　利用抗原与抗体特异性结合的原理，通过化学反应使标记抗体的显色剂（荧光素、酶、金属离子、同位素）显色来确定组织细胞里微管、微丝。

3. 实验材料　甘蔗茎尖材料。

4. 实验器材与试剂

（1）实验器材　高压灭菌锅、微波炉、电炉、水浴锅、载玻片、盖玻片、暗盒、镊子、解剖针、双面刀片、冷冻切片机、荧光显微镜、共聚焦显微镜。

（2）试剂

① PBS 缓冲液（pH 7.2～7.4）：NaCl 137 mmol/L、KCl 2.7 mmol/L、Na_2HPO_4 4.3 mmol/L、KH_2PO_4 1.4 mmol/L。

② 1%纤维素酶和 0.5%果胶酶。

③ L-多聚赖氨酸粘片剂。

④ 2%NonidetP-40 去污剂。

⑤ anti-α tubulin 抗体（Sigma 1∶150 PBS 稀释，内含有 2%小牛血清蛋白）。

⑥ FITC 标记的兔抗鼠抗体（Sigma 1∶40 PBS 稀释）。

⑦ DAPI。

⑧ 50%甘油。

⑨ 0.1%对苯二胺（PBS pH 8.5 配制）。

5. 操作步骤

（1）切片：

① 甘蔗茎尖行用锋利刀片修成薄片，然后投入 9%甲醛（50 mmol/L Pipes，pH 7.0 配制）固定液中并抽气 15～20 min，取出材料，振荡至材料下沉。

② 室温下固定 4～6 h 后转入 10%二甲基亚砜（50 mL/L PBS，pH 7.0 配制）冲洗 3 次，每次 30 min，中间真空缺氧 15～20 min。

③ 用冷冻切片机切成厚度为 15～20 μm 的切片，切片转到涂有 L-多聚赖氨酸粘片剂的玻片上。

（2）免疫组织化学染色：

① 用含 2%Nonidet P-40 的去污剂（50 mmol/L PBS 配制，pH 7.0）处理 0.5 h 以增加细胞膜通透性，再用含 1%纤维素酶和 0.5%果胶酶的溶液处理 5 min 细胞壁溶解后立即用 PBS 冲洗 3 次，每次 20 min。

② 2%Nonidet P-40 的去污剂再处理 30 min。PBS 冲洗 3 次每次 20 min。用 anti-α tubulin 抗体（Sigma 1∶150 PBS 稀释，内含有 2%小牛血清蛋白）室温孵育 1 h。PBS 缓冲液冲洗 3 次，每次 30 min。

③ 在室温下用 FITC 标记的兔抗鼠抗体（Sigma 1∶40PBS 稀释）孵育 1 h。反应结束后用 PBS 冲洗 1～2 h，冲洗液更换 4～5 次。

④ DAPI 染色：在冲洗好的材料上滴 1～2 滴 DAPI，室温暗染 5 min，PBS 冲洗20 min。用含 50%甘油及 0.1%对苯二胺（PBS pH 8.5 配制）的封片剂封片。

（3）荧光显微镜的观察及图像处理：用荧光显微镜观察制备好的切片。激发光波长 488 nm 观察微管骨架；激发光波长 425 nm，观察被 DAPI 染色的细胞核或染色体。拍摄观察的图像。

第六节　甘蔗花粉的收集和保存方法

甘蔗的开花

甘蔗的花序（见图 4-5）为顶生圆花序，又称散复总状花序，形态有圆锥形、箭嘴形和扫帚形，每一花序由主轴、支轴、小支轴及小穗组成，蔗穗的颜色决定于颖基毛的颜色，一般呈浅紫色或银灰色。甘蔗每一花轴节上着生两个成对排列的小穗，上部有小柄，下部较大的一个无柄，有柄小穗上所结子实的萌芽率通常低于无柄小穗上所结的籽实。一个花穗有小穗 8 000～15 000 个，每个小穗由 1 个子房，2 个柱状，3～4 个花药组成，雌雄同花。甘蔗孕穗开始时，先是心叶缩短，顶叶和叶鞘均匀、上下一致地伸长，上部叶 3 个肥厚带重叠在一起，此时解剖生长锥可看到花穗为白色珠形突起。随着花芽继续分化，先长出花主穗，然后自上而下逐次分化出支轴、小支轴和小穗梗，然后在小穗梗上分别分化出 1 个有柄小穗和 1 个无柄

图 4-5　甘蔗花序

小穗。花穗不断生长膨大，最后形成毛笔状破叶鞘面抽出，即为抽穗。

甘蔗花药为2室，成熟时因组织破坏而2室相连。每一室中的花粉母细胞形成2纵行，一组花粉母细胞有4个细胞，抽穗时花粉母细胞开始减数分裂，同一朵花的分裂几乎同时发生，同一花序的分裂顺序为自主轴顶端及侧枝尖端的花开始，逐渐向中心进行，顶端的花与基部花分裂时间相隔6 d左右或更短。发育成熟的花粉粒含有一个营养核和2个精核。

1. 实验目的 花粉收集及保存是进行甘蔗杂交育种工作的前提。通过实验，掌握花粉采集和保存的具体技术和方法。

2. 实验原理 花粉生活力是指在正常条件下花粉在雌蕊上萌发的能力。花粉生活力测定在杂交工作中很重要。尤其是遇到亲本的花期不相同时需要从外地采集父本的花粉，这样的花粉要经过一段较长时间的贮藏运输过程。花药开裂后应及时进行花粉采集，并干燥至水分10%以下，以尽可能保存花粉有较高的活力。一般条件下，甘蔗花穗采回后，在温室条件下，花粉在第一天和第二天活力最高，一般可以达到80%以上，第三天开始急剧下降，到第7天时仅有30%左右。甘蔗花粉收集及保存技术条件是进行杂交工作的前提。

3. 实验材料 甘蔗花穗和甘蔗花粉。

4. 实验用具与试剂 砍刀、水槽、专用杂交单元格、滤纸、镊子、剪刀、蒸馏水、0.03%亚硫酸溶液、低温冰箱、超低温冰箱、培养皿、锡纸，A3白色画图纸、排刷。

5. 实验步骤

(1) 取样：试验前1 d，选取长势一致、包茎长根且第二天可开花的甘蔗材料，靠发根底部整齐砍断，带回温室大棚，将其放置于水槽中进行养茎，水槽液体可以是自来水，或是0.03%亚硫酸溶液，每株单独存放于专用杂交单元格中以预防其杂交串粉。

(2) 花粉的收集：花穗去掉顶部发育不良的1/5处以及底部未开花的部分，保留穗中部开花小穗。花穗底部放置A3白色画报纸，将花穗拉近白纸后轻轻抖动，使花粉自由落在白纸上，然后用干净的排刷将掉落的花粉和花药收集到培养皿中，然后用0.3 mm的分样筛去杂，去杂后的花粉收集在培养皿中。

(3) 花粉的干燥：收集好的花粉置于培养皿中摊平自然干燥，或是硅胶干燥器或是真空干燥器中干燥，途中取部分样品用红外水分测定花粉含水量10%以下，可停止干燥。一般硅胶干燥器或是真空干燥器干燥2～5 h，可以达到水分含量降至10%以下。

(4) 花粉的保存：然后干净玻璃密封瓶或是锡纸装好，置于低温（2～4 ℃）或是超低温冰箱（−80 ℃）中保存，可以保存20～40 d。

第七节 甘蔗花粉数量的计数方法

1. 实验目的 通过实验掌握花粉数量计数的具体技术和方法。

2. 实验原理 同心圆法计数是将花粉置于一定面积下的直观方法，可以大致判断不同品种花粉数量的多少。

血球计数板法是利用血球计数板统计单个微小生物数量的仪器，由一块比普通载玻片厚的特制玻片制成的玻片中有四条下凹的槽，构成三个平台。中间的平台较宽，其中间又被一短横槽隔为两半，每半边上面刻有一个方格网。方格网上刻有9个大方格，其中只有中间的一个大方格为计数室。这一大方格的长和宽各为 1 mm，深度为 0.1 mm，其容积为 0.1 mm^3，即 1 mm×1 mm×0.1 mm 方格的计数板；大方格的长和宽各 2 mm，深度为 0.1 mm，其容积为 0.4 mm^3，即 2 mm×2 mm×0.1 mm 方格的计数板。在血球计数板上，刻有一些符号和数字（见图 4－6），如 XB－K－25 为计数板的型号和规格，表示此计数板分 25 个中格；0.1 mm 为盖上盖玻片后计数室的高；1/400 mm^2 表示计数室面积是 1 mm^2，分 400 个小格，每小格面积是 1/400 mm^2。经统计后可以计算出花粉的数量。

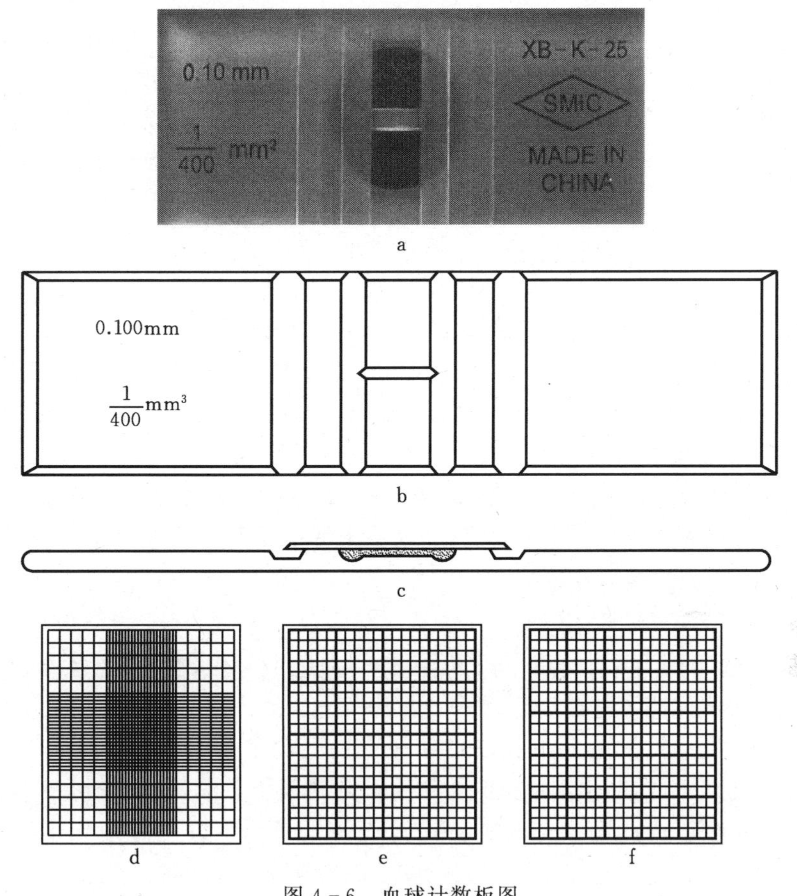

图 4－6 血球计数板图

a 为实物图 b 为示意图 c 为示意图的侧面 d 为计数室放大示意图 e 为 16×25 计数室示意图 f 为 25×16 计数室示意图

3. 实验材料 甘蔗花粉。

4. 实验用具与试剂 滤纸、镊子、剪刀、蒸馏水、蓝色硬纸、白色硬纸、圆规、笔、2.0 mL 离心管、血球计数板（16×25 规格）、显微镜。

试剂：1%六偏磷酸钠溶液。

5. 实验步骤

（1）同心圆法：

① 将盛开的花穗悬于洁净光滑的蓝色硬纸上，轻轻抖动，收集花粉。

② 花粉过 0.3 mm 筛去除花药壁等杂质后，将花粉均匀摊平于白色硬纸的固定区域

(半径分别为 1 cm、2 cm、3 cm、4 cm 的同心圆) 内评级。

③ 按数量多寡分别评为“少”“中”“多”“很多”4 级。

(2) 血球计数板法:

① 取 1～2 个花穗，采集充分成熟、饱满、未开裂的花药 90 枚，平均放入清洗干净的 3 个离心管中，自然干燥。

② 待花粉充分散出后，每管滴入 1%六偏磷酸钠溶液 1 mL，加盖充分摇匀，使花粉呈悬浮状态。

③ 将清洁干燥的血球计数板的计数室上加盖专用的盖玻片，用吸管吸取 2～3 滴悬浮液滴于盖玻片边缘，让培养液自行缓缓渗入，一次性充满计数室，防止产生气泡，充入细胞悬液的量以不超过计数室台面与盖玻片之间的矩形边缘为宜。多余培养液可用滤纸吸去。

④ 稍待片刻 (约 5 min)，待花粉全部沉降到计数室底部后，将计数板放在载物台的中央，先在低倍镜下找到计数室所在位置后，再转换高倍镜观察、计数并记录。取四角：1、4、13、16 四个中方格 (100 个小方格) 计数，将每一中格放大，可见 25 个小格。计数重复 9 次，取其平均值。计数完毕后，依下列公式计算：

经换算得出每个花药花粉数量 (N)：$N=(100$ 小方格内花粉数$\times 10\,000\times 1)/30$。

血球计数板的使用注意事项：①对于压在方格界线上的花粉应当计数同侧相邻两边上的花粉数，一般可采取“数上线不数下线，数左线不数右线”的原则处理，另两边不计数。②计数时，如果使用 16 格×25 格规格的计数室，要按对角线位，取左上、右上、左下、右下 4 个中格 (即 100 个小格) 的花粉数；如果规格为 25 格×16 格的计数板，除了取其 4 个对角方位外，还需再数中央的一个中格 (即 80 个小方格) 的花粉数。③计数时应不时调节焦距，才能观察到不同深度的花粉。

第八节　甘蔗花粉生活力的测定

花粉生活力是指在正常条件下花粉在雌蕊上萌发的能力。花粉生活力测定在杂交工作中很重要，尤其亲本花期不相同需要从外地采集花粉作父本时，花粉要经过一段较长时间的贮藏运输过程，因此在杂交前应检验花粉的生活力，以免应用无生活力的花粉而造成杂交工作的失败。花粉活力的测定方法有形态观察法、碘-碘化钾法、蓝墨水染色法、TTC 检测法和培养基发芽法等，本节的目的是通过实验掌握花粉生活力测定的具体技术和方法。

一、形态观察法

1. 实验目的　通过实验掌握通过形态观察判别花粉生活力的方法。

2. 实验原理　直接在显微镜下观察花粉的形态，根据花粉的典型性 (如具有正常的大小、形状、色泽等) 判断花粉的生活力，即形态正常的花粉有生活力，而一些小的、皱缩的、畸形的花粉不具有生活力。

3. 实验材料　甘蔗花粉。

4. 实验用具与试剂　指形管、显微镜、载玻片、盖玻片、凹式载玻片、滴瓶、培养皿、天平、烧杯、玻璃棒、微波炉、滤纸、水浴锅、恒温箱、计数器、镊子、蒸馏水等。

5. 实验步骤

(1) 取少量花粉置于载玻片上，滴入清水 1～2 滴，盖上盖玻片。

(2) 做好的玻片在显微镜下观察 3 个不同视野，根据花粉的典型性（如具有正常的大小、形状、色泽等）判断花粉的生活力，即形态正常的花粉有生活力，而一些小的、皱缩的、畸形的花粉不具有生活力。统计每个视野中正常花粉数量。

(3) 要求被检查的花粉粒总数达到 100 粒以上，计算正常花粉粒占总数的比率。此法简便易行但准确性差，一般只用于测定新鲜花粉的生活力。

(4) 根据以下公式计算花粉活力：

花粉活力（%）=（视野中形态正常的花粉粒数/视野中所有的花粉粒数）×100%。

二、碘-碘化钾法

1. 实验目的 通过实验掌握通过碘—碘化钾法判别花粉生活力的方法。

2. 实验原理 大多数植物正常花粉呈规则形状，如圆球形或椭球形、多面体等，并积累淀粉较多，通常 I_2－KI 可将其染成蓝色。发育不良的花粉常呈畸形，往往不含淀粉或积累淀粉较少，用 I_2－KI 染色，往往呈现黄褐色。因此，可用 I_2－KI 溶液染色法测定花粉活力。

3. 实验材料 甘蔗花粉。

4. 实验用具与试剂

(1) 用具：指形管、显微镜、载玻片、盖玻片、凹式载玻片、滴瓶、培养皿、天平、烧杯、玻璃棒、微波炉、滤纸、水浴锅、恒温箱、计数器、镊子。

(2) 试剂：I_2－KI 溶液：取 2.0 g KI 溶于 5～10 mL 蒸馏水中，然后加入 1.0 g I_2 待全部溶解后，再加蒸馏水至 200 mL，贮于棕色瓶中备用。

5. 实验步骤

(1) 取少量花粉撒于载玻片上，加一滴蒸馏水，用镊子使花粉散开，再加一滴 I_2－KI 溶液，盖上盖玻片置于显微镜下观察。

(2) 凡被染色呈蓝色表示具有生活力，呈黄褐色者为发育不良、生活力弱的花粉。为了保证实验的准确性，观察 2～3 张装片，每片取 5 个视野，统计花粉的染色率，以染色率表示花粉的育性。

(3) 花粉活力（%）=（视野中被染色的花粉粒数/视野中所有的花粉粒数）×100%。

注： 此法不能准确表示花粉的活力，也不适用于研究某一处理对花粉活力的影响。因为核期退化的花粉已有淀粉积累，遇 I_2－KI 呈蓝色反应。另外，含有淀粉而被杀死的花粉遇 I_2－KI 也呈蓝色。

三、蓝墨水染色法

1. 实验目的 通过实验掌握通过蓝墨水法判别花粉生活力的方法。

2. 实验原理 花粉活性弱或是无活性，细胞膜选择透过性差或是丧失，蓝墨水中染料可进入花粉内，故无活性花粉会被染上色，有活性的不会被染色。

3. 实验材料 甘蔗花粉。

4. 实验用具与试剂

(1) 用具：指形管、显微镜、载玻片、盖玻片、凹式载玻片、滴瓶、培养皿、天平、烧杯、玻璃棒、微波炉、滤纸、水浴锅、恒温箱、计数器、镊子。

（2）试剂：蓝墨水溶液，正常购买的蓝墨水稀释10倍后使用。

5. 实验步骤

（1）取少量花粉撒于载玻片上，加一滴蒸馏水，用镊子使花粉散开，再加一滴蓝墨水溶液，盖上盖玻片置于显微镜下观察。

（2）凡被染色呈无色时表示具有生活力，呈蓝黑色者为发育不良生活力弱的花粉。为了保证实验的准确性，要求观察不同的3个视野，求其平均值，统计花粉的生活力。

（3）花粉活力（%）=（视野中被染色的花粉粒数/视野中所有的花粉粒数）×100%。

四、TTC检测法

1. 实验目的 通过实验掌握通过TTC法判别花粉生活力的方法。

2. 实验原理 TTC（2,3,5-三苯基氯化四氮唑）的氧化态是无色的，可被氢还原成不溶性的红色三苯甲基腙（TTF）。用TTC的水溶液浸泡花粉，使之渗入花粉内，如果花粉具有生命力，其中的脱氢酶就可以将TTC作为受氢体使之还原成为红色的TTF；如果花粉死亡便不能染色；花粉生命力衰退或部分丧失生活力则染色较浅或局部被染色。因此，可以根据花粉染色的深浅程度鉴定其活力。

3. 实验材料 甘蔗花粉。

4. 实验用具与试剂

（1）指形管、显微镜、载玻片、盖玻片、凹式载玻片、滴瓶、培养皿、天平、烧杯、玻璃棒、微波炉、滤纸、水浴锅、恒温箱、计数器、镊子。

（2）0.5% TTC，准确称取0.5 g TTC，溶于少量水中，并定容至100 mL。TTC水溶液呈中性，pH 7±0.5，不宜久藏，应随用随配。

5. 实验步骤

（1）新鲜花粉，用镊子撒置于载玻片中央，同时滴1～2滴0.5%TTC溶液于花粉样品中，充分混匀，盖上盖玻片，置于湿润培养皿中，于37 ℃的水浴锅中放置20 min。

（2）在40倍光学显微镜下观察，每品种观察3个载玻片，每片取6个不重叠视野，每个视野花粉总数不少于100个。若花粉变红则表明有活力，若红色很浅或无变化则表明为无活力。

（3）统计全部花粉中红色花粉所占比例。花粉活力按下列公式计算：

花粉活力（%）=（红色花粉/观察花粉总数）×100%。

五、培养基发芽法

1. 实验目的 通过实验掌握通过培养基发芽法判别花粉生活力的方法。

2. 实验原理 人为的创造适合于花粉发芽的环境条件，以花粉发芽的情况来鉴定花粉生活力的强弱。

3. 实验材料 甘蔗花粉。

4. 实验用具与试剂

（1）指形管、显微镜、载玻片、盖玻片、凹式载玻片、滴瓶、培养皿、天平、烧杯、玻璃棒、微波炉、滤纸、水浴锅、恒温箱、计数器、镊子。

（2）培养液：100 mL 蒸馏水＋15 g 蔗糖＋0.05 g 硼酸＋0.03 g 硝酸钙＋0.01 g 硝酸钾＋0.02 g 硫酸镁＋0.5 琼脂，40～50 ℃下溶解呈液体状备用。

5. 实验步骤

（1）在凹型载玻片上滴 1 滴培养液，然后用毛笔蘸花粉，在有培养液的载玻片上均匀撒上花粉。

（2）将玻片放入垫有湿润滤纸的培养皿中，放入 26 ℃±2 ℃的恒温恒湿的培养箱中培养 1～2 h 后，置于显微镜下观察花粉管的萌发情况。

（3）每个处理连续观察 5 个视野，每个视野花粉粒数目≥20 粒，求平均值，统计花粉的发芽率。花粉发芽的标准，以花粉管伸长超出花粉直径为准。最后统计出各处理的花粉萌发率。

（4）花粉活力按下列公式计算：

花粉活力（%）=（萌发花粉数量/观察花粉总数）×100%。

第九节　甘蔗柱头可授性检测方法（联苯胺-过氧化氢法）

1. 实验目的　通过实验掌握柱头可授性检测的具体技术和方法。

2. 实验原理　活的柱头和花粉中含有有活力的过氧化氢酶，过氧化氢在过氧化氢酶作用下会产生强氧化性的原子氧将联苯胺氧化为玫瑰红色，因此有活力的花粉和柱头在滴加该测试溶液后会迅速变红色，而无活力的则基本不会变色。

3. 实验材料　甘蔗花穗。

4. 实验用具与试剂

（1）体式显微镜，1 000 mL 容量瓶，100 mL 烧杯、500 mL 烧杯，滤纸、镊子、蒸馏水、低温冰箱、超低温冰箱、培养皿、密封袋。

（2）1%联苯胺的配制方法：把 100 g 水加热到 52～60 ℃或更高，然后把标准大气压下的联苯胺低温液化，取出 1 g，加入热水中，密闭后充分摇匀，使得联苯胺充分溶解，就制成了 1%联苯胺。

注：联苯胺，分子式为（$C_6H_4NH_2$）$_2$，为白色或微带淡黄色的稳定针状结晶或粉末，可燃，露置于空气中光线照射时颜色加深，难溶于冷水，有致癌作用。

联苯胺-过氧化氢反应液：1%联苯胺∶3%过氧化氢∶水=4∶11∶22（V∶V∶V）。

5. 实验步骤

（1）剥取甘蔗小穗的柱状，将柱头完全浸泡在联苯胺—过氧化氢反应液中放置黑暗环境下 25 min，若柱头具有可授性，则柱头周围的反应液呈现蓝色并有大量的气泡出现。

（2）放置在 10 倍体式显微镜下观察柱头染色部位。将至少 2/3 部位呈现蓝色并伴有大量气泡出现的柱头算作具有可授性，否则认为没有可授性。

（3）根据气泡多少判断柱头可授性的相对强弱：A.“＋＋＋”表示柱头可授性强，柱头至少 2/3 部位呈现蓝色并伴有大量气泡出现；B.“＋＋”表示柱头可授性较强，柱头至少 2/3 部位呈现蓝色并伴有较多气泡出现；C.“＋”表示柱头具有可授性，柱头可授性弱，柱头呈淡蓝色或不明显，周围仅有几个小气泡；D.“＋/－”表示部分柱头具有可授性；E.“－”表示柱头不具有可授性。

第五章　组学分析

第一节　基因组测序

基因组从头测序（De novo sequencing）在不依赖参考基因组的情况下对物种进行基因组测序及拼接组装，从而绘制该物种的全基因组序列图谱。基因组测序不仅可以获得该物种的全基因组序列图谱，同时也为后续物种起源进化及特定环境适应性的研究奠定了基础。

基因组测序流程：

1. 样品准备　提取基因组DNA，并检测样品DNA的浓度和完整性。DNA样品的检测主要包括2种方法：①琼脂糖凝胶电泳分析DNA降解程度以及是否有RNA、蛋白质污染。②Qubit对DNA浓度进行精确定量。

2. 建库测序　样品检测合格后，将基因组DNA片段化，使用BluePippin选择片段，经末端修复和加A尾后，再在片段两端分别连接接头，制备DNA文库。

库检合格，根据文库的有效浓度及数据产出需求运用PacBio Sequel II平台进行测序。

使用SMRTlink软件对原始测序数据进行预处理，并采用ccs命令进行HiFi分析。数据预处理主要包括以下步骤：①对单分子测序序列得到的polymerase reads进行去接头，拆分得到subreads序列。②同一个ZMW中的subreads经过自我纠错形成HiFi序列，用于后续分析。

3. 基因组组装　使用软件Hifiasm对三代测序reads进行拼接组装，进行组装结果统计，GC分布统计。

4. 组装结果评估　将EST（expressed sequence tag）序列或转录本序列通过BLAT软件比对到参考基因组，从而评估参考基因组序列的完整性。利用转录组数据进行de novo拼接，从而获得该物种的转录本序列集。并进行GEGMA评估和BUSCO评估基因组的组装完整性。

5. 基因组数据分析　对基因组数据进行非编码RNA注释，重复序列注释，编码基因注释，基因结构预测，基因组功能注释等分析。

第二节　转录组测序

转录组（Transcriptome）指在特定环境（或生理条件）下，某个组织或细胞在某一发育阶段或功能状态下转录出来的所有RNA的集合。包括信使RNA（mRNA）、核糖体RNA（rRNA）、转运RNA（tRNA）及非编码RNA，而我们通常所说的转录组则特指mRNA的集合。随着后基因组时代的到来，转录组学是率先发展起来以及应用最广泛的技术。

1. 测序技术　最早广泛应用测序技术为70年代的Sanger法，这也是完成人类基因组计划的基础，其速度快，但是一次只能测一条单一的序列，且最长也就能测 1 000～1 500 bp，因其测序通量低、费时费力，科学家们一直在寻求通量更高、速度更快、价格更便宜、自动化程度更高的测序技术。

自 2005 年以来，以 Roche 公司的 454 技术、Illumina 公司的 Solexa 技术以及 ABI 公司的 SOLiD 技术为标志的高通量测序技术相继诞生。这使某物种全基因组和转录组的全貌细致分析成为可能，又称为深度测序，二代测序。高通量测序（High - throughput sequencing）技术，即二代测序（Next generation sequencing，NGS）技术，实现了测序的高通量和自动化，加速了转录组学研究的快速发展。目前，二代测序平台主要包括 454 Life Sciences公司推出的 454 测序技术、Illumina 公司和 ABI 公司相继推出的 Solexa 和 SOLID 测序技术等，其中 454 测序技术平台最早实现商业化。在过去 10 年间，Illumina 公司的 Solexa 技术，即边合成边测序（Sequencing by synthesis，SBS）技术发展迅速，其 HiSeq 系列的测序平台逐渐成为二代测序技术中最被广泛应用的平台。Illumina/Solexa 的测序平台主要是采用边合成边测序（SBS）的方法，此种方法是将提取的核酸片段打断成几百 bp 大小后，加上接头和测序引物等序列，经 PCR 扩增后建成 library，在含有接头序列的芯片（Flow cell）上对文库进行反应，每个反应循环中，标记 4 种荧光染料的碱基通过互补碱基配对被加入单分子的合成中，这样通过 CCD 采集序列上的荧光信号，读取测序片段的碱基序列。基于 Illumina 高通量测序平台的转录组测序技术，相较于传统方法，该技术主要特点是测序通量高、测序时间和成本显著下降，可以一次对几十万到几百万条 DNA 分子序列测定，能够在单核苷酸水平对任意物种的整体转录活动进行检测，在分析转录本的结构和表达水平的同时，还能发现未知转录本和稀有转录本，精确地识别可变剪切位点以及 cSNP（编码序列单核苷酸多态性），提供最全面的转录组信息。但是片段被限制在了 250～300 bp，由于是通过序列的重叠区域进行拼接，所以有些序列可能被测了好多次。由于建库中利用了 PCR 富集序列，因此有一些量少的序列可能无法被大量扩增，造成一些信息的丢失，且 PCR 中有概率会引入错配碱基。

近年来兴起的三代测序技术也叫单分子实时测序技术（SMRT，Single molecule Real Time sequencing），无须组装即可直接获取 5′端到 3′端完整的全长转录本，具有超长读长（平均读长 10～15 kb，最长读长可达 60 kb）、无 PCR 扩增偏向性及 GC 偏好性的特点，因此可得到更高质量的转录本，有利于 mRNA 结构的研究，如可变剪切，融合基因，等位基因表达等，在研究全长转录本上具有二代测序短 reads 所不能达到的优势。对于无参考基因组的物种，通过三代全长转录组测序来构建物种 Unigene 库，无须进行序列组装，就可以获得该物种转录组水平的参考序列，为后续研究提供很好的遗传信息基础。但目前成本很高，因此目前最常见的主流转录组测序是基于二代测序技术，随着二代测序价格的不断下降及生信分析技术的不断进步，转录组测序已被广泛地应用于生物学研究的各个领域。

2. 测序流程

（1）文库构建及上机测序：提取样本总 RNA 后，进行总 RNA 样品的检测，合格后，用带有 Oligo（dT）的磁珠富集真核生物 mRNA（若为原核生物，则通过试剂盒去除 rRNA 来富集 mRNA）。随后将 mRNA 打断成短片段，以 mRNA 为模板，合成一链 cDNA，然后加入缓冲液、dNTPs 和 DNA polymerase I 和 RNase H 合成二链 cDNA，再用 AMPure XP beads 纯化双链 cDNA。纯化的双链 cDNA 先进行末端修复、加 A 尾并连接测序接头，再进行片段大小选择。最后进行 PCR 扩增并纯化，得到最终的文库。文库构建完成后，先使用 Qubit2.0 进行初步定量，稀释文库至 1.5 ng/μl，随后使用 Agilent 2 100 对文库的 insert size 进行检测，insert size 符合预期后，使用 q - PCR 方法对文库的有效浓度进行准确定量，以保证文库质量。PacBio 三代测序第一步也是建库，其主要区别是建库过程不涉及 PCR 反应。DNA 分子打断之后，经过修复、接头连接、纯化和聚合酶绑定，即可出库准备上机测序。库检合格后，把不同文库按照有效浓度及目标下机数据量的需求 pooling 后进行上机测序。

（2）数据质量评估：高通量测序得到的原始图像数据文件经 CASAVA 碱基识别分析转化为原始测序序列，称之为 Raw Data，结果以 FASTQ（简称为 fq）文件格式存储，其中包含测序序列（reads）的序列信息以及其对应的测序质量信息。对 Raw Data 进行数据过滤，截除 Reads 中的测序接头以及引物序列，过滤低质量值数据，获得高质量的 Clean Data。

（3）测序数据组装：对于无参考基因组的物种，获得高质量的测序数据之后，需要对 clean reads 进行拼接以获取后续分析的参考序列。转录本测序深度除了受测序数据量等影响，还与该转录本的表达丰度有关。测序深度会直接影响组装的好坏。为了使各样品中表达丰度较低的转录本组装得更完整，对于同物种的测序样品推荐合并组装可以间接增加测序深度，从而使转录结果更完整，同时也有利于后续的数据分析；而对于不同物种的样品，由于基因组间存在差异，推荐采用分别组装或分开分析。Trinity 软件具体组装过程：

① 将测序 Reads 按照指定 K - mer 打断来构建 K - mer 库，去除可能包含错误的 K - mer。

② 选择频率最高的 K - mer 作为种子向两端进行延伸（以 K - 1 个碱基的 Overlap 为标准，低复杂度或只出现一次的 K - mer 不能作为种子），不断循环此过程直至耗光 K - mer 库。

③ 对②中得到的 Contig 进行聚簇，得到 Component（Contig 之间包含 K - 1 个碱基的 Overlap，并且有一定数目的 reads 跨越两个 contigs 的 junction，分别有（K - 1)/2 的碱基比对到（K - 1）mer junction 的两端，这样的 Contig 会聚为一个 Component）。

④ 对每个 Component 中的 Contig 构建 De Bruijn 图。

⑤ 对④中得到的 De Bruijn 图进行简化（合并节点，修剪边沿）。

⑥ 以真实的 Read 来解开 De Bruijn 图，获得转录本序列。

（4）转录组测序文库质量评估：合格的转录组测序文库是转录组数据分析结果可靠的必要条件，为确保测序文库的质量，从以下 3 个不同角度对转录组测序文库进行质量评估：

① 通过检验插入片段在 Unigene 上的分布，评估 mRNA 片段化的随机性、mRNA 的降解情况；

② 通过绘制插入片段的长度分布图，评估插入片段长度的离散程度；

③ 通过绘制饱和度图，评估文库容量和比对到 Unigene 库的 Reads（Mapped Reads）是否充足。

（5）Unigene 功能注释：使用 BLAST 软件将 Unigene 序列与 NR、Swiss - Prot、GO、COG、KOG、eggNOG4.5、KEGG 数据库比对，使用 KOBAS2.0 得到 Unigene 在 KEGG 中的 KEGG Orthology 结果，预测完 Unigene 的氨基酸序列之后使用 HMMER 软件与 Pfam 数据库比对，获得 Unigene 的注释信息，并进行 CDS 预测，简单重复序列分析，及 SNP 分析。

（6）基因表达量分析：采用 Bowtie 将测序得到的 Reads 与 Unigene 库进行比对，根据比对结果，结合 RSEM 进行表达量水平估计。利用 FPKM 值表示对应 Unigene 的表达丰度。FPKM（Fragments Per Kilobase of transcript per Million mapped reads）是每百万 Reads 中来自比对到某一基因每千碱基长度的 Reads 数目，是转录组测序数据分析中常用的基因表达水平估算方法。FPKM 能消除基因长度和测序量差异对计算基因表达的影响。

（7）差异表达分析：差异表达分析寻找到的基因集合叫作差异表达基因集。根据两（组）样品之间表达水平的相对高低，差异表达基因可以划分为上调基因（Up－regulated Gene）和下调基因（Down－regulated Gene）。对样品进行相关性评估后，进行差异表达基因检测根据实际情况选取合适的差异表达分析软件。对于有生物学重复的实验，采用 DESeq2 进行样品组间的差异表达分析，获得两个条件之间的差异表达基因集；对于没有生物学重复的实验，则使用 EBSeq 进行差异表达分析，获得两个样品之间的差异表达基因集。在差异表达分析过程中采用了公认有效的 Benjamini－Hochberg 方法对原有假设检验得到的显著性 p 值（p－value）进行校正，并最终采用校正后的 p 值，即 FDR（False Discovery Rate）作为差异表达基因筛选的关键指标，以降低对大量基因的表达值进行独立的统计假设检验带来的假阳性。对筛选出的差异表达基因做层次聚类分析，将具有相同或相似表达行为的基因进行聚类，用于展示不同实验条件下基因集的差异表达模式。并对差异基因进行 eggNOG 分类，GO，KEGG 富集分析。

第三节　Small RNA 测序

Small RNA 是生物体内一类重要的功能分子，包括 miRNA（microRNA），siRNA 和 piRNA 等，它的主要功能是诱导基因沉默，调控细胞生长、发育、基因转录和翻译等生物学过程。目前研究最广泛的是 miRNA。miRNA 是真核生物中普遍存在、由 21～24 nt 组成的一类内源性非编码的单链小 RNA，广泛参与生物体各种生命活动。基于新一代高通量测序技术的 Small RNA 测序，可以一次获得数百万条 Small RNA 序列，能够快速鉴定出某种组织在特定状态下的所有已知 miRNA 并发现新的 miRNA 及其表达差异，为 miRNA 的功能研究提供了有力工具。

1. 文库构建及测序　提取样本总 RNA，并对总 RNA 样品进行检测，包括琼脂糖凝胶电泳分析 RNA 降解程度以及是否有污染，以及 RNA 的纯度，浓度精确定量，RNA 的完整性等。样品检测合格后，使用 Small RNA Sample Pre Kit 构建文库，利用 Small RNA 的 3′及 5′端特殊结构（5′端有完整的磷酸基团，3′端有羟基），直接将 Small RNA 两端加上接头，然后反转录合成 cDNA。然后经过 PCR 扩增、胶回收得到 cDNA 文库。文库构建后，要进行库检，以保证文库质量。库检合格后，把不同文库 pooling 后上机测序。

2. 数据质量评估　对测序得到的 raw data 进行质量评估，去除低质量 reads；去除 N 的比例大于 10%的 reads；去除有 5′接头污染的 reads；去除没有 3′接头序列和插入片段的 reads；去除 polyA/T/G/C 的 reads，得到 clean reads。

3. sRNA 分类注释　将 Clean Reads 分别与 Silva 数据库、GtRNAdb 数据库、Rfam 数据库和 Repbase 数据库进行序列比对，过滤核糖体 RNA（rRNA）、转运 RNA（tRNA）、核内小 RNA（snRNA）、核仁小 RNA（snoRNA）等 ncRNA 以及重复序列，获得包含 miRNA 的 Unannotated reads。

4. 参考序列比对 将长度筛选后的sRNA与参考序列比对，分析Small RNA在参考序列上的分布情况。

5. miRNA鉴定 将比对到参考基因组上的reads与miRBase数据库中的已知miRNA前体序列进行比对，来鉴定已知miRNA的表达。同时，通过reads比对到基因组上的位置信息得到可能的前体序列，基于reads在前体序列上的分布信息（基于miRNA产生特点，mature，star，loop）及前体结构能量信息（RNA fold randfold）采用贝叶斯模型经打分最终实现新miRNA的鉴定。

6. miRNA分析 对miRNA进行碱基偏好性分析及碱基编辑分析，基于序列的相似性对检测到的已知miRNA和新miRNA进行miRNA家族分析，研究miRNA在进化中的保守性。对各样本中已知和新miRNA进行表达量的统计，进行miRNA差异表达分析。

7. miRNA靶基因预测 根据已知miRNA和新预测的miRNA与对应物种的基因序列信息，进行靶基因预测。

8. 差异miRNA靶基因富集分析 对差异表达的靶基因进行Gene Ontology和KEGG富集分析。

第四节 circRNA测序

circRNAs（Circular RNAs，环状RNA）是一类不具有5′末端帽子和3′末端poly（A）尾巴、并以共价键形成环形结构的非编码RNA分子，是RNA领域新的研究热点。与传统的线性RNA不同，circRNA分子呈封闭环状结构，不受RNA外切酶影响，表达更稳定，不易降解。circRNAs广泛存在于人和动植物中，在生物的生长发育、对外界环境的抵御等方面具有重要的调控作用。

1. 建库及测序 提取样本Total RNA，检测RNA样品浓度、纯度及完整性。用rRNA去除试剂盒去除样品中的rRNA，使用RNase R去除线性RNA，采用镁离子打断法，将RNA片段化。反转录产生双链cDNA，PCR富集文库片段，检测文库大小分布，荧光定量PCR测定文库浓度。将文库pooling上机测序。

2. 测序数据及其质量控制 对测序得到的raw data去除含adapter的reads；去除含N比例大于10%的reads；去除低质量reads，获得高质量的clean reads。

3. 参考序列比对 与参考序列进行比对，并进行reads分布统计，测序覆盖度、深度统计。

4. circRNA鉴定 进行已知circRNA注释和新circRNA鉴定并对新circRNA来源基因分析，mRNA结合位点分析，编码能力预测。

5. circRNA差异表达分析 差异表达circRNA筛选、差异表达circRNA聚类分析以及差异circRNA来源基因的GO分类、GO富集层次分析，差异circRNA来源基因KEGG注释和通路富集分析。

第五节 蛋白质组学

蛋白质组学介绍

蛋白质组（Proteome）是指基因组表达的所有相应蛋白质的集合，即细胞、组织或机体全部蛋白质的存在及其活动方式。蛋白质组学（Proteomics）是指利用高分辨的蛋白质分离技术和高效的蛋白质鉴定技术在蛋白质水平上整体性、动态和定量地研究生命现象及规律的科学，是系统生物学的有机组成部分。蛋白质组是空间和时间上动态变化着的整体，一个基因组对应多个蛋白质组。相比稳定的基因组，蛋白质组是遗传信息、环境因素等多因素的综合体现。同一细胞、组织，在不同时间、不同环境条件下蛋白谱的表达也存在不同。因此，蛋白质组是最能实时反映细胞、组织功能的一类分子，具有广阔研究前景。

1. 蛋白质组学定性原理　随着高效液相分离技术（HPLC）和质谱技术的发展，液相色谱串联质谱（LC-MS/MS）成为目前蛋白质组学分析的主要技术。其鉴定蛋白质的基本步骤一般如下：收集样本后进行总蛋白质的提取→消化切割蛋白为多肽片段→HPLC 分离→分级进入 MS 电场进一步离子化→MS 获得各离子质荷比和峰型信息→软件计算氨基酸组成→数据库检索比对获得蛋白质的定性和序列信息。

2. 蛋白质组学定量原理　基于 LC-MS/MS 技术的蛋白质组定量技术一般分为标记法和非标记法两种类型。目前常用的标记法有：iTRAQ（体外）、TMT（体外）、SILAC（体内）三种基于同位素标签进行半定量的方法。以 iTRAQ 技术为代表的体外标记技术是目前应用较为广泛的蛋白质组学半定量检测技术，其操作简单，数据稳定性高。然而，受到同位素标签数量的限制，在进行大批样品实验时，以 Label Free 和 DIA 为代表的非标记定量蛋白质组学技术则具有更多优势。

3. LABEL-FREE 非标记定量蛋白质组学分析　蛋白质非标记定量技术（label-free）是通过液质联用技术对蛋白质酶解肽段进行质谱分析，无须使用昂贵的稳定同位素标签做内部标准，只需分析大规模鉴定蛋白质时所产生的质谱数据，比较不同样品中相应肽段的信号强度，从而对肽段对应的蛋白质进行相对定量。

4. iTRAQ 标记定量蛋白质组学分析　iTRAQ（Isobaric tag for relative and absolute quantitation）是由 AB SCIEX 公司研发的一种体外同重同位素标记的相对与绝对定量技术。该技术利用 4 种或 8 种不同标签的同位素试剂特异性地标记不同样品中的蛋白多肽氨基基团，标记的样品等量混匀后，经液相色谱分离及串联质谱（MS/MS）分析，可同时比较多种不同样品中蛋白质的相对表达量信息，通过生物信息学分析即可鉴定出所测蛋白质及其在各样品中的表达差异，如用于研究不同环境条件下或者不同发育阶段的组织样品中蛋白质表达水平的差异。

iTRAQ 试剂由三部分组成：报告基团、质量平衡基团和反应标记试剂基团，形成 4 种或 8 种相对分子质量均等量的异位标签 iTRAQ 试剂用于标记酶解后的肽段。在质谱中，任何一种 iTRAQ 试剂标记的不同样本中的同一肽段表现为相同的质荷比。在串联质谱中，报告基团、质量平衡基团和多反应基团之间的键断裂，质量平衡基团丢失，带不同同位素标签的同一多肽产生不同的报告离子，根据报告离子的信号强度可获得样品间相同肽段的定量信息，再经过软件处理得到蛋白质的定量信息。

技术特点：

（1）灵敏度高：可检测出较低丰度蛋白，胞浆蛋白、膜蛋白、核蛋白、胞外蛋白等。

（2）分离能力强：可分离出酸/碱性蛋白，小于 10 kDa 或大于 200 kDa 的蛋白、难溶性蛋白。

（3）高通量：可同时对 8 个样本进行分析，特别适用于采用多种处理方式或来自多个处理时间的样本的差异蛋白分析。

(4) 结果可靠准确：定性与定量同步进行，同时得出鉴定和定量结果，重复样品间的蛋白表达量相关性可达到 0.95 以上。

(5) 兼容性高：标记所有的肽段，包括翻译后修饰，提高了蛋白质组的覆盖率，而且提高了鉴定和定量的可信度。

5. TMT 标记定量蛋白质组学分析 TMT™ (Tandem Mass Tag™) 技术是由美国 Thermo Scientific 公司研发的一种多肽体外标记技术。TMT 与 iTRAQ 试剂在结构和检测原理上基本类似，也是由报告基团、平衡基团和肽反应基团三部分组成。该技术采用 2 种、6 种或 10 种同位素的标签，通过特异性标记多肽的氨基基团，然后进行串联质谱分析，可同时比较 2 组、6 组或 10 组不同样品中蛋白质的相对含量。其技术特点与 iTRAQ 类似。

6. SILAC 定量蛋白质组学 细胞培养条件下稳定同位素标记技术 (Stable isotope labeling with amino acids in cell culture，SILAC)，利用含轻、中或重型同位素标记的必需氨基酸 (主要是 Lys 和 Arg) 培养基培养细胞，来标记细胞内新合成的蛋白质，一般培养 5—6 代，细胞中的蛋白质将都被同位素标记。不同处理的蛋白样品等量混合，经 SDS-PAGE 分离，切胶，酶消化，LC-MS/MS 分析即可得到有关蛋白的定量及定性结果。SILAC 在比较蛋白质组学，蛋白与蛋白互作，蛋白与 DNA 互作，蛋白与 RNA 互作等研究领域均有广泛应用。

技术特点：

(1) 高通量，可同时标记细胞内的蛋白，与质谱联用可同时分析鉴定多种蛋白。

(2) 同位素标记效率高、稳定，不受裂解液影响，结果重复性好，可信度高。

(3) 灵敏度高，实验所需蛋白量明显减少。

(4) 体内标记，结果更接近真实生理状态。

7. DIA 定量蛋白质组学 当前蛋白质组学研究界将目光集中在数据非依赖采集上 (DIA)，它在理论上综合了传统 DDA 和 SRM 的优势。与传统蛋白质组学“鸟枪法”(Shotgun) 相比。

技术特点：

(1) 无歧视地获得所有肽段的信息，不会造成低丰度蛋白信息的丢失。

(2) 循环时间固定，扫描点数均匀，定量准确度高。

(3) 肽段的选择没有随机性，数据可以回溯，对于复杂蛋白样本，特别是低丰度蛋白具有更优异的重现性。

与传统质谱定量“金标准”选择反应监测/多反应监测 (SRM/MRM) 相比。

优点：

(1) 无须提前指定目标肽段，适用于未知蛋白分析。

(2) 无须优化方法，获得数据后再基于谱图库实现定性确证和定量离子筛选。

(3) 通量无上限，适合大规模蛋白定量分析。

8. 分析流程

(1) 蛋白质样品的制备：用细胞或研磨好的组织制备样品，应使所有待分析的蛋白样品全部处于溶解状态，防止样品在聚焦时发生蛋白的聚集和沉淀，防止在样品制备过程中发生样品的抽提后化学修饰，完全去除样品中的核酸和某些干扰蛋白，尽量去除起干扰作用的高丰度或无关蛋白，从而保证待研究蛋白的可检测性。

（2）定量：用 BCA 试剂盒测定蛋白浓度，取 100～200 μg 蛋白，进行溶液内酶解，除盐，并进行电泳。

（3）标记：除盐后的样品，用标记物进行标记（标记法蛋白质定量）。

（4）色谱分离：采用高效液相色谱（HPLC）技术进行蛋白质的分离。

（5）质谱上机：样品分子离子化后，根据不同离子间质荷比的差异来分离并确定分子量。

（6）数据检索：根据质谱图的离子峰信息进行数据库搜索来鉴定肽段，将鉴定的肽段进行组装、重新归并为蛋白，获得蛋白名字以及蛋白定量信息。

（7）生物信息学分析：分析蛋白质在细胞与组织中的表达情况。差异蛋白功能注释，GO 和 KEGG 富集分析，差异蛋白 PPI（protein protein interaction，蛋白质—蛋白质互作）分析，获得关键 marker，关键蛋白结构分析等。

第六节　蛋白质修饰组学

修饰蛋白质组可以对蛋白质修饰位点进行鉴定、定量和功能分析，具有高通量、更精确、更全面、更新颖等优势。蛋白质翻译后修饰（PTM）通过在一个或多个氨基酸残基上加上修饰基团，可以改变蛋白质的物理、化学性质进而影响蛋白质的空间构象、活性、亚细胞定位、蛋白质折叠以及蛋白质—蛋白质相互作用。PTMs 在细胞的多种过程，如细胞分裂、蛋白分解、信号传导、调控过程、基因表达调控和蛋白相互作用中起到关键作用。深入研究蛋白质翻译后修饰对揭示生命活动的机理等方面都具有重要意义。常见的蛋白质翻译后修饰种类有：磷酸化修饰、乙酰化修饰、泛素化修饰、糖基化修饰等。

蛋白质磷酸化（phosphorylation）是指蛋白质在酶的催化下，把 ATP 或 GTP 上的磷酸基转移到蛋白质的特定位点（氨基酸残基 Ser、Tyr、Thr）上的过程。磷酸化是一种广泛存在的翻译后修饰类型，细胞内有超过 30%的蛋白质发生磷酸化修饰。因此磷酸化修饰是调节和控制蛋白质活力和功能的最基本、最普遍，也是最重要的机制。磷酸化参与各种生理和病理过程，调控细胞的增殖、发育、分化、凋亡等生命活动，广泛运用在信号传导通路、细胞凋亡、发育分化等研究领域。

泛素化修饰（ubiquitylation）是一种常见的蛋白质翻译后修饰，是指一个或多个泛素分子（ubiquitin，由 76 个氨基酸组成的多肽）在一系列特殊的酶作用下，将细胞内的蛋白质分类，从中选出靶蛋白分子，并对靶蛋白进行特异性修饰的过程。泛素化修饰是一种重要的翻译后修饰，泛素—蛋白酶体系统介导了真核生物 80%～85%的蛋白质降解。除参与蛋白质降解之外，泛素化修饰还参与了细胞周期、增殖、细胞凋亡、分化、转录调控、基因表达、转录调节、信号传递、损伤修复、炎症免疫等几乎一切生命活动的调控。因此，作为近年来生物化学研究的一个重大成果，它已成为研究的新靶点。

乙酰化修饰（acetylation）是最常见的酰化修饰类型，是指在乙酰基转移酶的催化下，把如乙酰辅酶 A 的乙酰基团转移并添加在蛋白质赖氨酸残基上的过程。乙酰化修饰由乙酰基转移酶（HATs/KATs）和去乙酰化酶（HDACs/KDACs）共同调节，参与调控代谢通路以及代谢酶的活性。乙酰化修饰组学研究主要集中在对细胞转录调控，以及对代谢通路的调控这两个方面。

分析流程：

（1）首先将蛋白样本酶解成肽段混合物，使用液相色谱对酶解后的肽段混合物进行组分分离以降低样本复杂程度，然后通过高质量的磷酸化（泛素化、乙酰化）修饰类抗体和生物材料对修饰肽段进行富集，最后上样至液相色谱—串联质谱中进行分析定量。

（2）motif 分析：分析修饰位点上下游固定长度（7 个氨基酸）的氨基酸出现频率，可以统计特定的修饰位点的基序（motif），进而研究调控修饰的酶。

（3）差异蛋白分析：统计每组样品差异蛋白类型数目，包括上调蛋白和下调蛋白。

（4）GO 富集分析：对差异蛋白进行 GO 三个大类（细胞组分、分子功能、生物过程）的富集分析。

（5）差异蛋白 KEGG 富集：对差异蛋白进行 KEGG 富集分析。

第七节　代谢组学

代谢组学是 20 世纪 90 年代末期继基因组学和蛋白组学之后发展起来的一个新学科，其在动植物研究、医药研究、疾病诊断、食品科学、环境科学等多领域具有重要的应用价值。代谢组学（metabolomics）是对某一生物体组分或细胞在一特定生理时期或条件下所有的小分子（分子量小于 1 000 Da）代谢产物同时进行定性和定量分析，以寻找出目标差异代谢物，是系统生物学的重要组成部分。其他高通量检测分析平台虽然提供了大量生物代谢的调节变化信息，但无法充分反映转录后调控、酶活性及细胞过程。代谢组学着重研究的是生物整体、器官或组织的内源性代谢物质的代谢途径及其所受内在或外在因素的影响及随时间变化的规律。代谢组学通过揭示内在和外在因素影响下代谢整体的变化轨迹来反映某种生理过程中所发生的一系列生物事件。通过基因组和蛋白组信息可研究受到分子调控的代谢通路，通过代谢组学则可直接考察生物学表型相关的代谢通路。基本研究方法分为非靶向（untargeted metabolomics）和靶向（targeted metabolomics）代谢组学。非靶向代谢组学是代谢组学中的一种，通过核磁或质谱色谱联用技术检测生物体受外界刺激前后体内大多数小分子代谢物的动态变化，重点寻找两组间有显著变化的代谢物，进而研究这些代谢物与生理病理变化的相关关系。靶向代谢组学是对样本中特定关注的物质进行绝对定量分析，具有高灵敏度、高特异性等特点。靶向代谢组学是对非靶向代谢组学的延伸与验证，应用前景非常广阔。研究技术主要有 H－NMR 技术、GC－MS 技术和 LC－MS 技术。

1. H－NMR 技术简介　核磁共振（nuclear magnetic resonance，NMR）是指具有自旋性质的原子核在核外磁场作用下，吸收射频辐射而产生能级跃迁的现象。H－NMR 代谢组技术检测生物样本中代谢物的 H 原子核的振动信号，根据不一样化学环境的 H 会在 NMR 谱图上出现不一样的信号实现定性，根据 H 原子个数与 NMR 谱图上相应的峰面积成正比实现定量。样本需求量小，无创检测，特异性高，能够对代谢物同时完成定性和定量分析，但其动态范围有限，灵敏度较低。

2. GC－MS 技术简介　气质联用（gas chromatography and mass spectrometry，GC－MS）即气相色谱-质谱联用技术，检测的样本一般需要进行衍生化处理，使样本中成分更容易气化，一般采用硬电离源（如：EI 电离源），这种电离方式可以产生更多的碎片信息，可以通过比对商用数据库（NIST、Wiley、Fiehn）实现定性，由于气质设备存在稳定性、离子化效率及杂质影响等问题，比对结果具有一定假阳性，需要用标准品验证实现绝对定性定量。其优点是具有高通量、高精密度、灵敏度及重现性，但因其需要衍生化，造成样本损失，需要分离。一般适用于极性小的物质的分析，不适用于难挥发性、热不稳定性物质的分析。

3. LC－MS 技术简介　液质联用（liquid chromatography and mass spectrometry，LC－MS）即液相色谱—质谱联用技术，代谢组样本一般不需要进行衍生化前处理，一般采用软电离源（大气压化学电离 APCI 或电喷雾电离 ESI），这种电离方式只产生分子离子信息，可以得到代谢物的分子量信息，可以通过比对标准品质谱图或搜索其他非标准谱库得到相对定性结果。具有高通量，高分辨率、灵敏度及检测动态范围宽的特点，但由于 LC－MS 没有商用标准数据库，无法避免假阳性结果出现的可能性，可以通过二级质谱进一步定性及使用标准品实现绝对定性定量。适用于热不稳定性、不易挥发、不易衍生化和分子量较大的物质以及极性大的物质分析。

相比较之下，色谱和质谱联用技术，特别是高分辨质谱凭借其普适性、高灵敏度和特异性的特点，逐渐成为代谢组学研究的主流技术。随着超高效液相色谱（UPLC）分离技术和傅里叶变换—离子回旋共振—质谱（FT－ICR－MS）检测技术的迅猛发展和广泛应用，LC－MS 联用技术的优势也更加明显，所以基于 LC－MS 的代谢组学方法不论在植物、微生物还是动物组织样品领域都起着越来越重要的作用。

4. LC－MS 测序流程

（1）样品采集：根据需要采集样品，采集后立即进行生物反应灭活处理。

（2）代谢物提取：样品研磨，溶剂提取法提取代谢物，并进行质控混样。

（3）代谢物检测：采用液质联用或气质联用法进行代谢物检测。

（4）数据分析：主要包括代谢物的鉴定与定量，差异代谢物筛选及注释。

第六章　甘蔗病害分子检测技术

真菌、细菌是引发甘蔗病害发生的重要病原菌。对这类病原菌进行分子快速检测是甘蔗病害早期诊断、检疫、监测、预测预报和病害防治等工作的重要基础。本章将详细介绍以PCR技术为基础的检测技术以及近年来发展起来的一些新技术如环介导等温扩增和核酸滚环扩增技术在一些常见的甘蔗病原真菌分子检测中的应用，旨在对该研究领域的进展有一个全面的了解。传统的甘蔗病原真菌的检测和鉴定，往往是通过病原菌的分离培养、形态观察、接种试验和生理生化测定等方面进行的，鉴定过程耗时长，不能快速简单地检测病原菌。同时，由于一些病原真菌引起的病害症状相似，少数病原菌的形态特征会随着环境条件的改变而发生改变，给病原菌的鉴定工作带来了不少困难，加上有些病原真菌不能进行纯培养。因此，仅靠传统的分离培养、生物学特征鉴定等常规方法进行检测和鉴定难度较大。另外，无法通过传统的形态学特征对种下专化型和生理小种进行鉴定。本章综述所介绍的几种检测技术对探索快速检测甘蔗引种检疫、病害早期诊断及抗病品种快速筛选等极其重要。这些不同方法在不同时期都为植物病原真菌的检测发挥了积极的作用，各有其优缺点。如ITS-PCR、巢式PCR和多重PCR都需要进行染胶后处理工作。PCR-ELISA技术过程烦琐。实时荧光PCR技术对仪器设备的要求高，花费相对较高。LAMP技术的方法原理比较复杂，灵敏度高，一旦开盖容易形成气溶胶污染，假阳性问题比较严重。RCA技术具有较高的特异性与灵敏度，与LAMP技术一样是核酸恒温扩增技术中的重要成员。但国内对于RCA技术的应用研究较少，对其存在问题的阐述也不够详细。新出现的一些真菌检测方法具有针对性等（彭丹丹等，2017）。

第一节　甘蔗黑穗病分子检测技术

一、甘蔗黑穗病简介

甘蔗黑穗病（sugarcane smut disease）是由甘蔗鞭黑粉菌（*Sporisorium scitanminea*）引起的一种世界性重要甘蔗病害，自1932年中国广州首次报道发现甘蔗黑穗病以来，甘蔗黑穗病逐步在中国蔗区蔓延，由较为次要病害逐步发展成为主要甘蔗病害之一，目前中国甘蔗主栽品种普遍感染黑穗病，给中国甘蔗生产带来严重安全隐患（沈万宽，2013）。

甘蔗黑穗病最典型的症状是蔗茎生长点变异产生黑色鞭状物，是甘蔗病害中最容易诊断的一种，其发病潜伏期较长，通过早期无症状的甘蔗小苗或甘蔗种茎观察，一般方法都难以准确诊断其是否感染或携带甘蔗黑穗病菌。因此，探索快速检测技术对甘蔗黑穗病的早期诊断及抗病品种快速筛选等极其重要。

二、甘蔗黑穗病分子检测技术概览

Nallathambi等（Nallathambi et al.，1998）建立分生组织染色技术，即对染成蓝色的

甘蔗鞭黑粉菌双核菌丝体通过光学显微镜进行检测，从而判断检测材料是否感染甘蔗黑穗病。Nallathambi 等和 Naik 还建立了甘蔗黑穗病 ELISA 快速检测技术，并应用于甘蔗黑穗病早期检测。

随着分子生物学技术的发展，Albert 等（Albert，1996）根据玉米黑粉菌（Ustilago maydis）bE 交配型基因核苷酸序列，设计一对特意引物 Be4（5′-CGCTCTGGTTCAT-CAACG-3′）和 Be8（5′-TGCTGTCGATGGAAGGTGT-3′），建立起甘蔗鞭黑粉菌 PCR 检测技术，利用该对引物可检测出甘蔗鞭黑粉菌 2 种交配型，也可在甘蔗鞭黑粉菌双核菌丝 DNA 或感染黑穗病的甘蔗组织基因组 DNA 中扩增出一条 450 bp 的特异片段，该引物的最小检测量为 50 bp 甘蔗鞭黑粉菌基因组 DNA（包含在 100 ng 的甘蔗基因组 DNA）。Sign（Singh et al.，2004）等和 Moosawi-Jorf（Moosawi-Jorf et al.，2007）等应用该检测技术检测接种甘蔗鞭黑粉菌双核菌丝体的甘蔗组培苗，在不同时期都能检测到 bE 交配型基因。Shen（Shen，2012）等根据甘蔗鞭黑粉菌的 ITS 区核苷酸序列，设计出特异引物 SL1（5′-CTAGGGCGGTGTTCAGAAGCAC-3′）及 SR2（5′-CCACAGGTACTTTCGTG-CACTG-3′），并结合真菌 ITS 区通用引物 ITS4/ITS5，建立起甘蔗鞭黑粉菌巢式 PCR 快速检测技术，检测灵敏度为 20 ag（阿克）甘蔗鞭黑粉菌基因组 DNA，较普通 PCR 提高 1 万倍。由于该方法能快速准确检测甘蔗黑穗病，现重点介绍甘蔗鞭黑粉菌的巢式 PCR 快速检测技术。具体操作步骤如下：

甘蔗黑穗病分子检测技术方法

1. 甘蔗叶片 DNA 提取　各取甘蔗植株+1 叶片的基部叶段样品约 1 g，用液氮研磨后参照沈万宽等（沈万宽等，2006）采用十六烷基三乙基溴化铵（cetyl trimethl ammonium bromide，CTAB）方法提取 DNA。

2. PCR 检测　采用甘蔗黑穗病菌特异引物 SL1/SR2。PCR 反应体系 25 μL：模板 DNA 1 μL、5 U/μL rTaq 酶 0.2 μL、10×PCR 反应缓冲液（含 Mg^{2+}）2.5 μL、2.5 mmol/L dNTPs 混合液 2.0 μL、5 μmol/LSL 1/SR2 引物各 1 μL，无菌超纯水补足至 25 μL。PCR 反应程序：94 ℃预变性 5 min；94 ℃变性 30 s，56 ℃退火 40 s，72 ℃延伸 60 s，30 个循环；72 ℃延伸 10 min。取 10 μL 扩增产物于 1.0%琼脂糖凝胶（含 EB 替代物）中电泳 1 h，通过凝胶成像系统成像并保存。

3. 巢式 PCR 检测　用真菌通用引物 ITS4/ITS5 进行第一轮扩增，反应体系及反应程序参见上述 PCR 检测方法。取 1 μL 第一轮产物作为第二轮模板，以甘蔗黑穗病菌特异引物 SL1/SR2 为第二轮引物，反应体系及反应程序参见上述 PCR 检测方法。取 10 μL 第二轮扩增产物于 1.0%琼脂糖凝胶（含 EB 替代物）中电泳 1 h（5 V/cm），通过凝胶成像系统成像并保存。

4. 序列测定与分析　将利用上述方法获得的 PCR 产物核进行测定，并将获得的序列在 GenBank（http://www.ncbi.nlm.nih.gov）中通过 Blast 程序进行同源性比较分析，序列分析采用 DNA Star 软件包分析。

第二节　甘蔗梢腐病分子检测技术

一、甘蔗梢腐病简介

甘蔗梢腐病是甘蔗生产中最主要的一种真菌性病害之一，其致病菌为镰刀菌，该菌无性态为串珠镰刀菌（*Fusariummoniliforme* Sheldon），有性态为串珠赤霉菌（*Gibheerlla moniliforme* Wineland）。甘蔗梢腐病在我国甘蔗生产区常有发生，福建、台湾、广西、云南、广东以及海南都曾报道过该病。1989 年，东莞糖厂蔗区暴发梢腐病，13 000 多亩蔗田受到为害（张玉娟，2009）。受害蔗株株高比健株平均减少 30～60 cm，受害蔗田每亩平均减产约 1～2 吨，甘蔗糖分降低 0.56%，重力纯度降低 3%左右。当甘蔗梢腐病发病严重时，甘蔗梢头部腐烂，同时长出大量侧芽，甘蔗糖分降低达 3%，重力纯度降低 7%（均为绝对值）（黄鸿能，1993）。近年来，梢腐病在我国蔗区的发生呈逐渐加重的趋势，对我国甘蔗生产和糖业可持续性发展构成严重威胁。因此，开展梢腐病快速检测对于鉴定预防甘蔗梢腐病的发生扩散非常重要。

二、甘蔗梢腐病病原菌的分子检测步骤

1. 甘蔗叶片总 DNA 提取

（1）剪取田间染病植株的叶片，用 70%的无水乙醇消毒，除去表面灰尘。

（2）将叶片在液氮处理下研磨成粉末，取适量（约 100 mg 左右）粉末装入到 2 mL 的离心管中。

（3）加入 720 μL 65 ℃预热的 2×CTAB 缓冲液，然后加入 10%（80 μL）的无水乙醇，剧烈摇动混匀，65 ℃水浴 30 min，其间不断翻转摇动。

（4）取出离心管，冷却后，加入 800 μL 氯仿/异戊醇（24∶1）抽提。

（5）在 4 ℃ 下，10 000 r/min 离心 10 min，转移上清。

（6）转移上清至一新的 1.5 mL 离心管中，再次加入等体积的氯仿/异戊醇（24∶1）抽提。

（7）在 4 ℃ 下，10 000 r/min 离心 10 min，转移上清。

（8）转移上清至一新的 1.5 mL 离心管中，加入 2/3 体积的异丙醇，轻缓地混合均匀，可见絮状的 DNA 沉淀。

（9）直接挑出絮状 DNA，用 600 μL 75%的乙醇漂洗两次，室温通风吹干。

（10）加入 200 μL 的 dd H_2O 溶解。

（11）加入 1 μL RNase A（10 mg/mL）混匀，37 ℃消化 30 min。

（12）加入等体积的氯仿/异戊醇（24∶1）混合均匀，然后在 4 ℃下，10 000 r/min 离心 10 min，转移上清。

（13）取上清，加入 1/10 体积 3 mol/L 的 NaAc（pH 5.2）和 2 倍体积的无水乙醇，轻缓地混合均匀，可见絮状的 DNA 沉淀。

（14）直接挑出絮状 DNA，用 600 μL75%的乙醇漂洗两次，室温通风吹干。

（15）加入 50 μL dd H_2O 溶解，用核酸蛋白测定仪测定 DNA 样品的含量和质量。

2. 田间发病植株的 PCR 检测 用提取的叶片总 DNA（稀释至 50 ng/μL）做模板，用设计合成的引物进行 PCR 扩增，同时设健康植株的总 DNA 作为阴性对照，以 ddH_2O 为空白对照。反应体系如下：PCR 反应总体积分别为 2.5 μL，内含 10×Buffer（Mg^{2+} Plus）2.5 μL，d NTP Mixture（各浓度为 2.5 mmol/L）2.0 μL，模板 DNA（50 ng/μL）1.0 μL，引物（10 μmol/L）各 1.0 μL，Taq 酶（5 U/μL）0.25 μL，ddH_2O 17.25 μL，总体积 25.0 μL。将体系混匀，瞬时离心，然后置于 PCR 仪进行扩增反应，PCR 反应程序如下：94 ℃预变性

5 min，94 ℃变性 1 min，54 ℃退火 45 s，72 ℃延伸 50 s，35 个循环，72 ℃延伸 10 min，最后置于 4 ℃保存。待 PCR 反应结束后，取产物 5 μL，用 1.0%的琼脂糖凝胶对其进行电泳及成像拍照，分析结果，核酸片段长度约为 500 bp。依据 ITS 序列设计的引物 I-P1 和 I-P2（5′-CTCTTGGTTCTGGCATCG-3′与 5′-GTTCAGC GGGTATTCCTA-3′），为最佳引物，该引物对甘蔗梢腐病病原菌特异性最高。

第三节　甘蔗花叶病分子检测技术

一、甘蔗花叶病简介

甘蔗在其生长过程中受到多种病原物尤其是病毒的侵染，其中甘蔗花叶病是重要的世界性病毒病之一。由该病毒病引起的病害主要为害叶片，尤以新叶基部症状最为明显，一般出现黄绿相间不规则的条纹，长短大小不一，布满叶片。有时病斑褪绿很明显，形成黄白斑，偶现坏疽之红点。病株叶色较健株浅，生长也缓慢。该病使甘蔗的产量和质量都会受到不同程度的影响（何炎森等，2006），部分品种在高温时会产生隐症。

甘蔗花叶病主要由甘蔗花叶病毒（SCMV）和（或）高粱花叶病毒（SrMV）引起（Alegria et al.，2003；李文凤等，2006），病毒株系繁多，变异较大。据调查，华南各地尤其是广西旱地甘蔗花叶病的发病率达到 30%以上，产量损失 3%～50%（何炎森和李瑞美，2006）。

目前，甘蔗花叶病的病毒病原至少有 6 种：甘蔗花叶病毒（SCMV）、高粱花叶病毒（SrMV）、玉米矮花叶病毒（MDMV）、约翰逊草花叶病毒（JGMV）、玉米花叶病毒（ZeMV）和甘蔗线条花叶病毒（SCSMV）（Shukla，1992；Yang et al.，1997；Hall et al.，1998；Seifers et al.，2000）。

二、甘蔗花叶病分子检测技术概览

李利君等（2000）利用 RT-PCR 检测技术和核酸杂交法对甘蔗花叶病毒 A 株系（SCMV-A）进行检测。阙友雄等（2009）建立了 SCMV-E 的间接 ELISA 和 Western blot 检测技术。李文凤等（2007）通过形态学和细胞病理学电镜检测、ELISA 验证和 RT-PCR 技术鉴定了 SRMV 的新分离物。张显勇等（2008）运用多重 PCR 检测方法在同一时间内检测出甘蔗花叶病和甘蔗宿根矮化病菌。Xie 等（2009）建立了四种 RT-PCR 检测技术，可以检测出 SRMV、SCMV 和 SCSMV 几种花叶病病原病毒。Viswanathan 等（2008）改善了病毒病的检测技术，利用多重反转录 PCR（multiplex reverse transcription-PCR，RT-PCR）技术，根据不同病毒的 CP 基因设计引物，可同时检测出 SCMV、SCSMV 和甘蔗黄叶病（SCYLV）甘蔗的 3 种主要病毒。随着检测方法的不断完善和更新，甘蔗花叶病多种病原病毒的快速检测提越来越成熟。甘蔗花叶病的症状受甘蔗品种、气候、土壤等的影响，且某些时候被侵染的植株不表现症状。因此通过快速检测方法尽早检测甘蔗甘蔗花叶病感病情况对于预防甘蔗花叶病十分重要。

三、甘蔗花叶病分子检测技术方法

1. 甘蔗叶片总 RNA 提取　总 RNA 提取按照 RNA isolation system 试剂盒说明步骤进

行。RNA沉淀溶于100 μLRNA free water中，取5 μLRNA用1.0%琼脂糖凝胶进行电泳，检验总RNA的完整性；用核酸测定仪测定RNA的浓度及纯度。

2. cDNA合成及RT-PCR扩增 根据蒋军喜等研究的结果合成以下特异性引物：SCMV（GATGCAGGVGCHCAAGGRGG；GTGCTGCTGCACTCCCAACAG）、SrMV（CATCA-RGCAGGRGGCGGYA；TTTCATCTGCATGTGGGCCTC）、MDMV（TCCCTCAATAC-CGTCTTGARGC；CAGCTGTGTGNCKYTCTGTATT）、JGMV（TCRGGCAATGARG-AYGCTGG；CAGCTGTGTGNCKYTCTGTATT）（蒋军喜等，2003）。利用primer script one step RT-PCR Kit试剂盒一步法进行RT-PCR，反应体系为25 μL，其中，RNA free water 8.0 μL，prime script1 step enzyme mix 1 μL，2×1 step buffer 12.5 μL，forward primer和reverse primer（10 μmol/L）各1 μL，模板RNA为1.5 μL。反应的参数根据试剂盒说明进行设定，退火温度为50 ℃。PCR产物用1.0%的琼脂糖凝胶检测，在UVP凝胶成像系统中观察检测结果。

3. PCR产物的克隆、测序及分析 对PCR产物目的片段进行切胶及回收，用纯化回收试剂盒进行纯化，将纯化产物与pGEM-T EASY载体连接，4 ℃过夜；连接产物通过DH5α感受态进行转化；随机挑取转化平板上的白色菌落于LB液体培养基摇菌培养过夜；通过菌液PCR鉴定阳性克隆。将鉴定为阳性的菌液送公司测序，测序所得序列在GenBank数据库中经Blast比对分析。

第四节　甘蔗黄叶病分子检测技术

一、甘蔗黄叶病介绍

甘蔗黄叶病是一种世界范围的流行病害，由甘蔗黄叶病毒（sugarcane yellow leaf virus，SCYLV）引起，该病毒使感病植株叶片韧皮部的伴胞细胞内的线粒体、叶绿体等细胞器和细胞核发生明显的病理变化，叶片光合速率下降，影响甘蔗的正常生长，最终导致产量降低和品质变劣（高三基等，2010；Gonçalves et al.，2005）。

二、甘蔗黄叶病分子检测方法

1. RT-PCR及巢式PCR检测方法 提取甘蔗叶片总RNA，用Access Quick™ RT-PCR system（美国Promega公司）一步法进行RT-PCR，SCYLV CP基因引物（P1：5′-AATCAGTGCACACATCCGAG-3′，-29-10；P2：5′-GGAGCGTCGCCTACCTATT-3′，+605-+586；预期扩增产物634 bp）；一步法RT-PCR呈阴性的扩增产物稀释20倍后作为反应模板，以rTaq DNA聚合酶（大连TaKaRa公司）和SCYLVCP基因内侧引物（P3：5′-GCTCACGAAGGAAT-GTCAG-3′，+20-+38；P4：5′-GTCTCCATTC-CCTTTGTACAGC-3′，+531-+510；预期扩增产物512 bp）进行第二轮PCR，反应条件为：94 ℃ 2 min，94 ℃ 30 min，52 ℃ 30 min，72 ℃ 1 min，30个循环；72 ℃ 5 min。扩增产物经1.2%琼脂糖凝胶电泳，UVP凝胶成像系统观察和照相，根据分子量大小判断目的片段。对部分目的片段进行纯化、克隆、测序和BLAST比对，验证检测结果的正确性（许东林等，2006）。

2. RNA提取和cDNA合成 根据天根生化科技（北京）有限公司的RNA Prep Pure

Plant Kit 说明书的操作方法，将提取的甘蔗叶片总 RNA，沉淀于 50 uL DEPC 处理过的 ddH_2O 中，取 2 μL RNA 溶液经琼脂糖凝胶电泳在 5 V/cm 条件下检测 RNA 的完整性，以特异引物 YLSR462（5′GTCTCCATTCCCTTTGTACAGC3′）和特异引物 YLSF111（5′TCTCACTTTCACGGT TGACG3′）（王中康等，2001）为反转录引物，用 Fermentas 公司的 First Stand cDNA Synthesi Kit 说明书进行反转录，获得 cDNA。

PCR 扩增 50 μL 扩增体系中 2U lylsr462（10 μmol/L），4 μL dNTPs，5 μL 10×Buffer，4 μL $MgCl_2$，0.5 μL Ex Taq 和 30.5 μL dd H_2O。PCR 反应条件为 94 ℃ 3 min，94 ℃ 30 s，55 ℃ 45 s，72 ℃ 60 s，35 个循环；72 ℃ 10 min。扩增产物经 1.0%琼脂糖凝胶电泳检测，切下目的条带，用 TaKaRa 公司的 DNA 凝胶回收试剂盒回收扩增产物。

扩增产物序列检测回收产物经 1.0%琼脂糖凝胶电泳检测浓度后，与 pMD18 - T 载体连接，热激法将连接产物全部转化大肠杆菌 DH5，阳性克隆经菌液 PCR 检测后，将含有目的片段的阳性克隆进行测序，测序结果用 NCBI 的 Blast 软件进行序列比对分析（付瑜华等，2015）。

第五节　甘蔗白条病分子检测技术

一、甘蔗白条病介绍

甘蔗白条病（sugarcane leaf scald disease，leaf scald）是由白条黄单胞菌［*Xanthomonas albilineans*（Ashby）Dowson］引起的世界性重要甘蔗病害，1911 年首次在爪哇、澳大利亚和斐济发现（Rott et al.，2000；Ricaud et al.，1989；North et al.，1926），甘蔗白条病是一种细菌性维管束系统病害，常会在没有病状表现的某些耐病品种中隐蔽传播，一旦遇到适合的环境条件便突然爆发（Davis et al.，1997），在中国被列为进境植物重要检疫对象（李文凤，2012）。甘蔗白条病的分子检测方法如下。

二、甘蔗白条病分子检测方法

1. 蔗茎总 DNA 提取　取蔗茎组织（定量），用液氮研磨至白色粉末状，按照植物 DNA 提取试剂盒说明提取蔗茎总 DNA，并溶于 100 μL1×TE 缓冲液中，置于－20 ℃保存。

2. 引物设计　引物序列采用文献（Wang et al.，1999）报道的甘蔗白条病病菌［*X. albilineans*（Ashby）Dowson］基因保守序列设计特异引物，XAF1：5′- CCTGGTGATGACGCTGGGTT - 3′；XAR1：5′- CGATCAGCGATGCACGCAGT - 3′，并委托生工生物工程（上海）股份有限公司合成，预期产物大小为 600 bp。

3. PCR 检测　PCR 反应体系（20.0 μL）：DNA 模板 3.0 μL，2×Taq PCR Master Mix 8.0 μL，上、下游引物各 0.2 μL（20 μg/μL），dd H_2O 8.6 μL。扩增程序：95 ℃预变性 5 min；94 ℃ 45 s，65 ℃ 1 min，72 ℃ 1 min，进行 10 个循环；94 ℃ 45 s，65 ℃ 1 min，72 ℃ 2 min，进行 10 个循环；94 ℃ 45 s，65 ℃ 1 min，72 ℃。3 min，进行 10 个循环；72 ℃延伸 10 min。每个样品进行 3 次重复扩增检测。

4. 电泳检测　取 8.0 μL 扩增产物，用 1.5%琼脂糖凝胶进行电泳，在 Image Maker VDS 成像仪照相，根据 PCR 有无特异扩增条带，有特异条带的经凝胶回收试剂盒回收纯化后，测序。所得序列在 NCBI 中进行 BLAST 比对分析（韦金菊等，2018）。

第六节　甘蔗宿根矮化病分子检测技术

一、甘蔗宿根矮化病简介

甘蔗宿根矮化病（sugarcane ratoon stunting disease，RSD）是由（*Clavibacter xyli* subsp. *Xyli*，Lxx）引起的，是影响甘蔗产量和品质的一种细菌性病害，1944 年，在澳大利亚蔗区的甘蔗品种 Q28 上首次发现该病害（陈明辉等，2014），目前，该病害在全球各个蔗区均广泛分布（李文凤等，2011）。RSD 蔗株平均感染率 50%左右，通常造成甘蔗减产 12%～37%，在干旱情况下减产高达 60%，蔗糖分降低 0.5%（绝对值）（沈万宽等，2006、2007）。甘蔗宿根矮化病在发病不严重时没有明显的外部症状，难以从外观上进行诊断，在发病严重时才表现出明显症状，表现为蔗株矮化、分蘖减少、蔗茎变细、节间缩短、生长不良、田间植株高矮不齐等（李文凤等，2012），这些症状与甘蔗在干旱、养分不足时的表现相似，因此，从外观上很难判断蔗株是否发病。另外，甘蔗宿根矮化病的病原菌 Lxx 的分离培养较困难，因此，聚合酶链反应（polymerase chain reaction，PCR）检测法是目前检测 RSD 使用最广泛和准确的方法。甘蔗宿根矮化病的分子检测步骤如下。

二、甘蔗宿根矮化病分子检测步骤

1. 甘蔗宿根矮化病分子检测方法一　与甘蔗黄叶病和甘蔗宿根矮化病同时检测法。

（1）感病样品总核酸提取及反转录：取感病甘蔗植株茎基部带鞘叶片作为提取总核酸的材料，提取的总核酸 RNA，用反转录试剂盒进行反转录后得到的 cDNA，然后用 cDNA 作为 PCR 反应的模板（张显勇等，2008）。

（2）引物设计：根据 GenBank 数据库中报道的中国甘蔗花叶病的主要致病病原高粱花叶病病毒 SRMV 和 SCMV 中国大陆优势株系 SCMV－A（Alegria et al.，2003；陈炯等，2001；王卫兵等，2004）。结合 SCMV－B、D、E 和 SCMV 外壳蛋白基因的核苷酸序列，比较它们之间的保守序列区，设计反转录引物 RT：5′－CCTTCATCTGCATG－3′和 PCR 引物对：P1：5′－GAGTTTGATAGGTGGTATGAAGCC－3′；P2：5′－CCT TCATCTG-CATGTGGGC－3′（张显勇等，2008）。检测 RSD 病原 Lxx 的引物设计：R1：5′－CTG-GCACCCTGTGTTGTTTTC－3′；R2：5′－TTCGGTTCTCATCTCAGC GTC－3′（沈万宽等，2007）。

（3）检测 SCMV 的 RT－PCR 和 RSD 单一 PCR 方法的建立：

① 检测 SCMV 的 PCR 扩增体系：10×Buffer 2.5 μL，10 μmol/L d NTPs 2 μL，上下游引物各 0.5 μL，模板 1 μL，Taq DNA 聚合酶 0.15 μL，用双蒸水（ddH_2O）补足到 25 μL。扩增程序为：94 ℃预变性 5 min；94 ℃变性 20 s，55 ℃退火 30 s，72 ℃延伸 45 s，30 个循环；最后于 72 ℃延伸 5 min。

② 检测 RSD 的 PCR 扩增体系：10×Buffer2.5 μL，10 μmol/L d NTPs 2 μL，上下游引物各 1 μL，模板 1 μL，Taq DNA 聚合酶 0.15 μL，用 ddH_2O 补足到 25 μL。扩增程序为：94 ℃预变性 5 min；94 ℃变性 20 s，53 ℃退火 30 s，72 ℃延伸 45 s，30 个循环；最后于 72 ℃延伸 5 min。

PCR扩增产物经1.0%琼脂糖凝胶电泳，经胶回收试剂盒（V－gene DNA Gel extraction Kit）回收目的条带DNA片段，连接于PGM－T载体（TaKaRa）后转化大肠杆菌DH5α，再进行序列测定。

③ 同时检测SCMV和RSD的“5＋20”的多重RT－PCR反转录反应体系：5×RT Reaction Buffer1 μL，反转录引物RT prime 0.5 μL，d NTPs 0.5 μL，总核酸1 μL，RNA safe 0.25 μL，M－MLV Reverse Transcriptase 0.25 μL，用Nuclease－free Water补齐至5 μL。反应结束后立即在同一PCR管中加入20 μL PCR反应试剂：ddH_2O 12.35 μL、10×Buffer 2.5 μL，dNTPs 2 μL，RSD上下游引物各1 μL，SCMV上下游引物各0.5 μL，Taq DNA聚合酶0.15 μL。PCR扩增程序为94 ℃预变性5 min；94 ℃变性20 s，53 ℃退火30 s，72 ℃ 45 s，循环30次；最后72 ℃延伸5 min。

利用本体系分别对SCMV单一感染样品，RSD单一感染样品，SCMV与RSD混合感染样品分别进行PCR检测。

2. 甘蔗宿根矮化病分子检测方法二

（1）甘蔗叶片总DNA的提取：甘蔗叶片总DNA的提取采用CTAB法，取200 mg甘蔗叶片，剪碎后用液氮研磨成粉末，装入2.0 mL离心管中，加入1 mL 65 ℃预热的CTAB裂解缓冲液（0.1 mol/L Tris－Cl pH 8.0，1.4 mol/L NaCl，0.02 mol/L EDTA pH 8.0，2% CTAB，2% PVP，3% β-巯基乙醇），混匀后于65 ℃温浴1 h。加入1 mL的V氯仿：V异戊醇＝24：1，颠倒混匀，常温10 000 r/min离心10 min。转移上清液至新的离心管，加入0.6倍体积异丙醇，于－20 ℃放置10 min，常温10 000 r/min离心10 min，弃上清液，用75%的乙醇洗涤沉淀2次，常温10 000 r/min离心2 min；弃上清，用80 μL ddH_2O溶解沉淀，于－20 ℃保存备用。取1 μL DNA进行1%琼脂糖凝胶电泳。

（2）PCR检测：引物采用Lxx的16S－23S rDNA基因间隔区特异引物Lxx1：5′－CCGAAGTGAGCAGAT－TGACC－3′，Lxx2：5′－ACCCTGTGTTGTTTTCAACG－3′，目的片段大小为438 bp，PCR反应体系为：10× buffer 2.0 μL，dNTP 1.6 μL，Lxx1和Lxx2（10 μmol/L）各1 μL，DNA模板1 μL，rTaq酶0.14 μL，加dd H_2O补足20 μL。扩增程序为：95 ℃ 5 min，94 ℃ 30 s，56 ℃ 30 s，72 ℃ 1 min，35个循环，72 ℃ 10 min。扩增产物用1%琼脂糖凝胶电泳进行检测。

（3）PCR产物序列分析：对部分PCR阳性扩增产物用AxyPrep TM DNA Gel Extraction Kit（Axygen）试剂盒进行凝胶回收，回收产物连接19T载体上，转化到大肠杆菌DH5α感受态细胞中，挑取单克隆，将菌液检测结果呈阳性的样品进行测序，测序结果在NCBI数据库中进行Blast同源性分析。

第七章　常用分子生物学分析工具

第一节　SnapGene

SnapGene 是中国业界最受欢迎的分子克隆工具之一，能准确地设计和模拟克隆过程。本节简介 SnapGene 软件的常用功能。

1. 利用 SnapGene 打开序列文件　双击 SnapGene 应用程序，出现如下界面（图 7-1）。点击“New DNA File”，或者“Open”均可打开序列文件，之后弹出 Topology Option，有 Linear 或者 Circular 两个选项可供选择（图 7-2）。

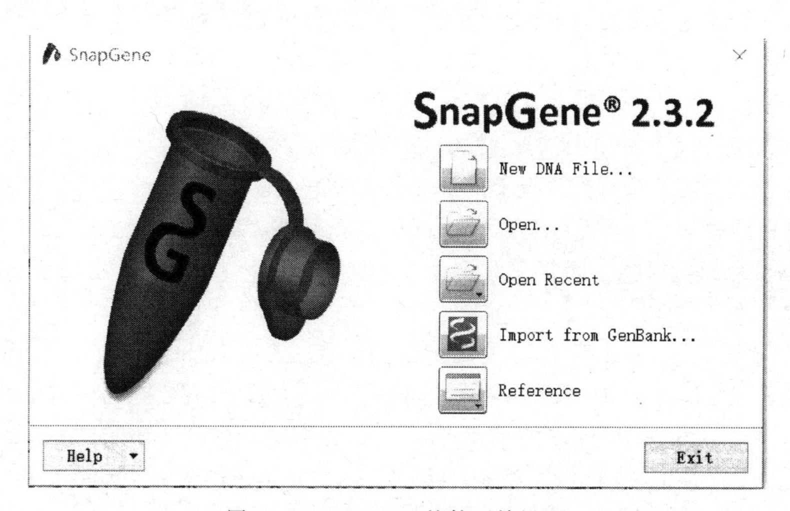

图 7-1　SnapGene 软件开始界面

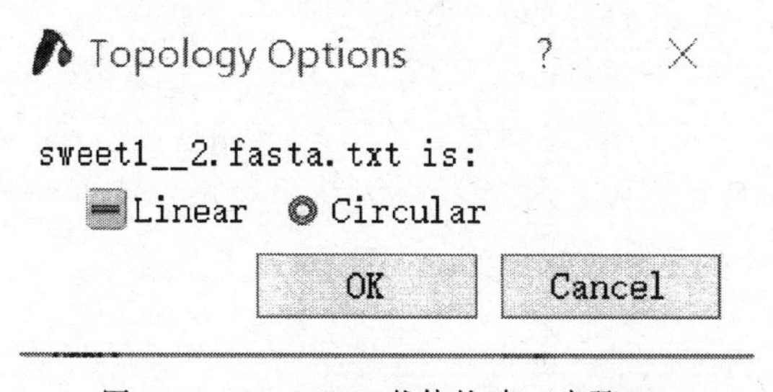

图 7-2　SnapGene 载体构建（步骤一）

在 Topology Option 处选择 Circular，打开一个质粒图谱文件，图谱如图 7-3。

在 Topology Option 处选择 Linear，打开一个 CDS 序列文件，图谱如图 7-4，其中酶切图谱展示了有哪些酶可以切割目标基因。

也可以点击 New DNA File，弹出如下窗口图 7-5，然后将目标序列复制进空白框里面（图 7-6）。

pEGFP
3355 bp

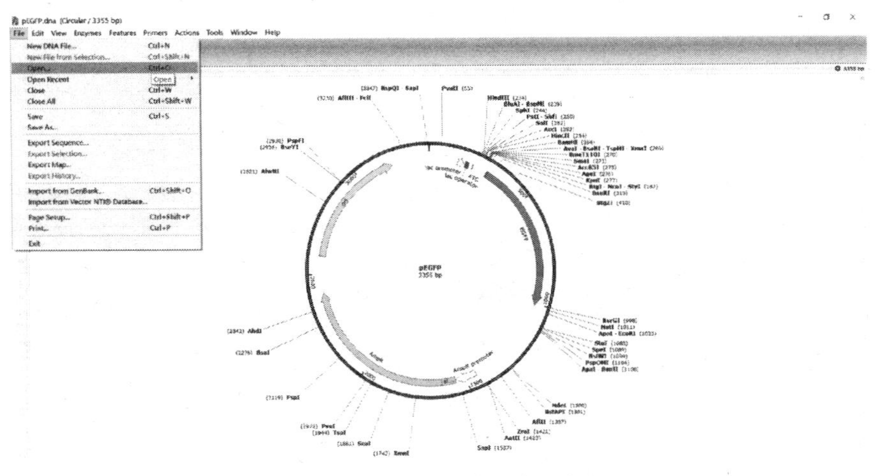

图 7-3　SnapGene 载体构建（步骤二）

(592) AcuI - Eco57MI
(581) AclI
(566) BsrDI
(563) PsiI
(79) BtsI
(31) BbsI
(0) Start
(186) NsiI
(176) TatI
(170) PflMI
TaqII (325)
BstXI (394)
(849) PacI End (852)
200
400
600
800
sweet1__1.fasta
852 bp

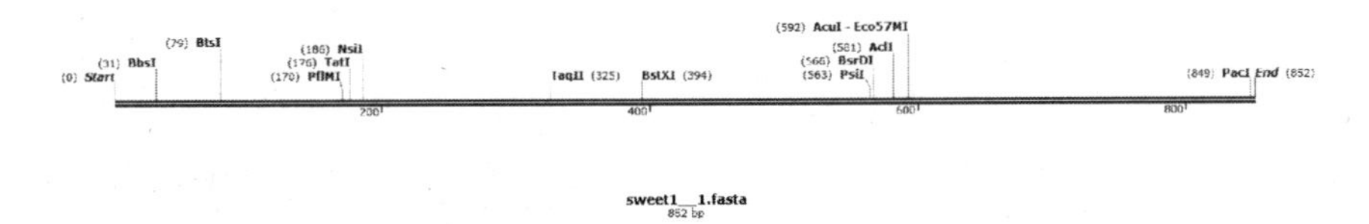

图 7-4　SnapGene 载体构建（步骤三）

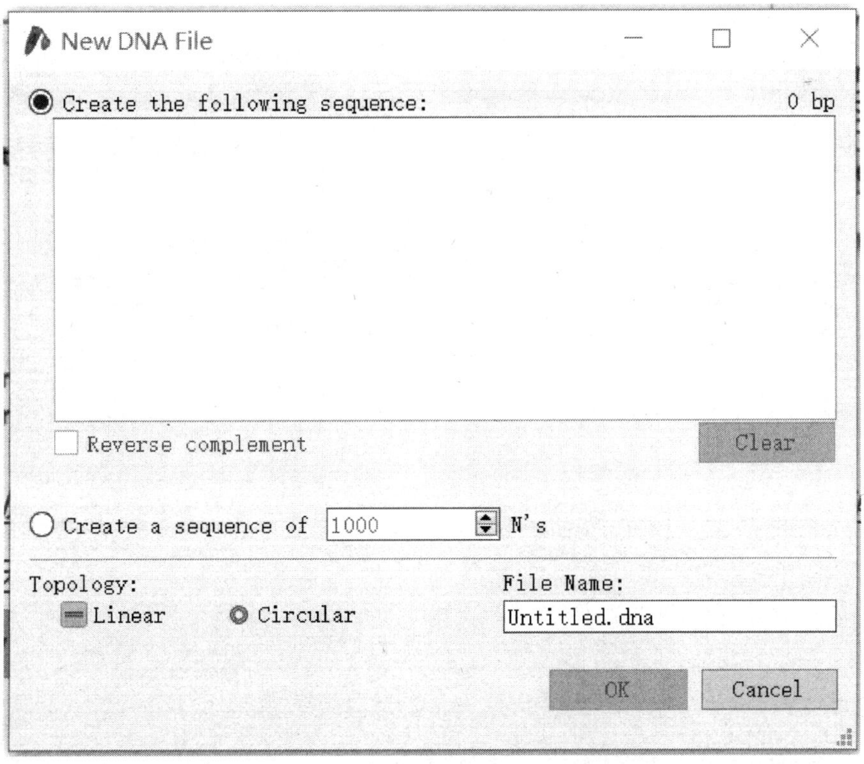

New DNA File
Create the following sequence:
0 bp
Reverse complement
Clear
Create a sequence of
1000
N's
Topology:
Linear
Circular
File Name:
Untitled.dna
OK
Cancel

图 7-5　SnapGene 载体构建（步骤四）

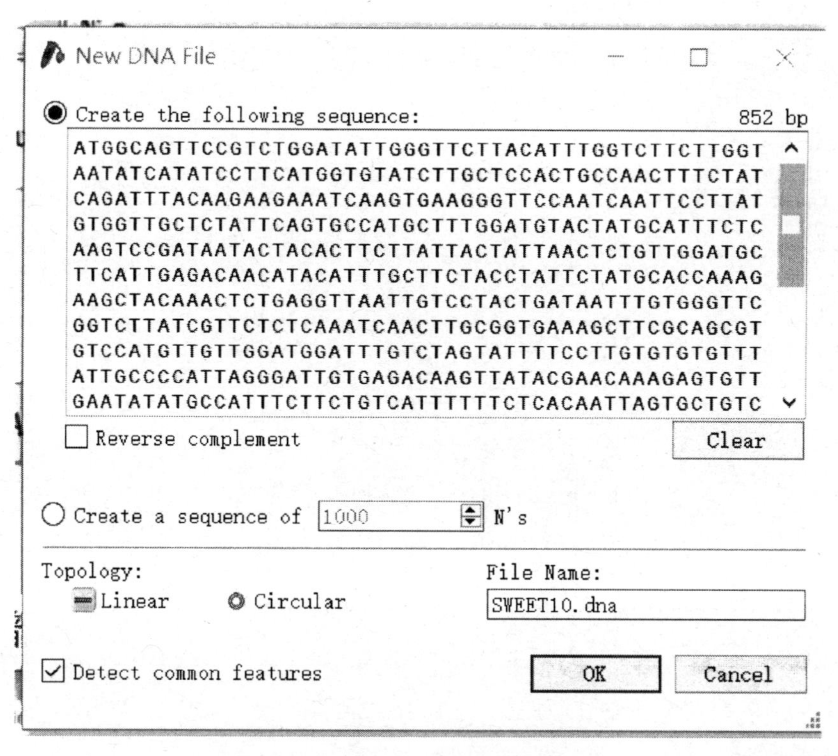

图 7-6　SnapGene 载体构建（步骤五）

2. 利用 SnapGene 检查酶切位点　按照前述方法打开目标序列，我们就得到了以下界面（图 7-7），酶切图谱上展示了有哪些酶可以切割目标基因。Snapgene 软件左侧提供了多个功能按钮。如

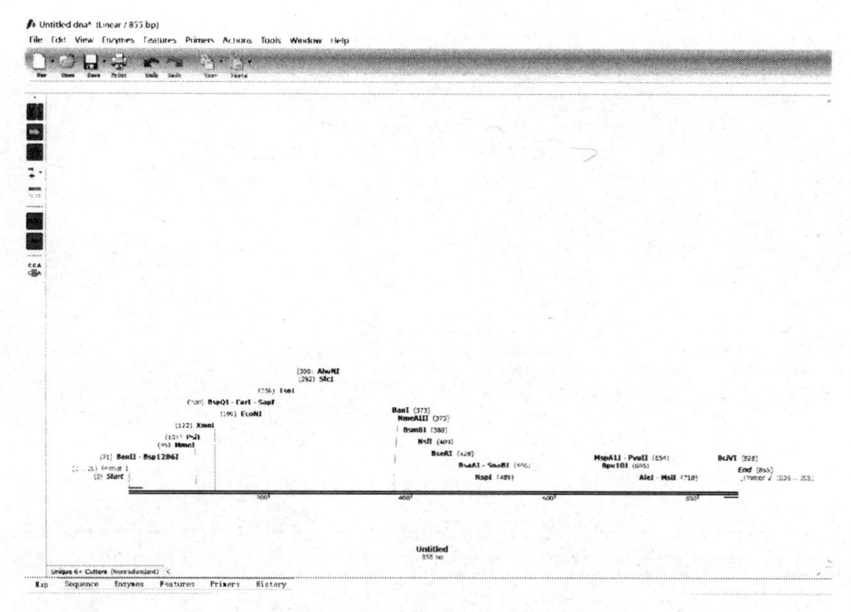

图 7-7　SnapGene 载体构建（步骤六）

（1）show enzymes：显示酶切位点，下拉含有多个操作按钮，分别显示序列中不同个数的酶切位点，抑或者显示序列不含的酶切位点，深黑色的是单一的酶切位点，浅色的为多切位点，可快速查询酶及识别序列。

（2）show features：显示/隐藏功能序列，某些序列如果含有的功能片段较多，显得较为凌乱，可以点此操作。

（3）show translation：显示/预测翻译，显示序列可能的编码区（可下拉调整参数），该功能为预测功能，使用需要结合序列本身的特征或者对序列有一定的了解，也可借助此功能快速预测 lncRNA、circRNA 等潜在的编码区。

（4）use3 letter amino acid codes：显示氨基酸密码子的呈现显示，如 Asp－D 转换。

点击左下方的 Enzymes（图 7－8），出现酶切位点的相关信息，然后点击 Enzymes－Noncutters（图 7－9、图 7－10），就是该序列不被哪些酶所识别，这是在构建质粒时需要考虑的。

图 7－8　SnapGene 载体构建（步骤七）

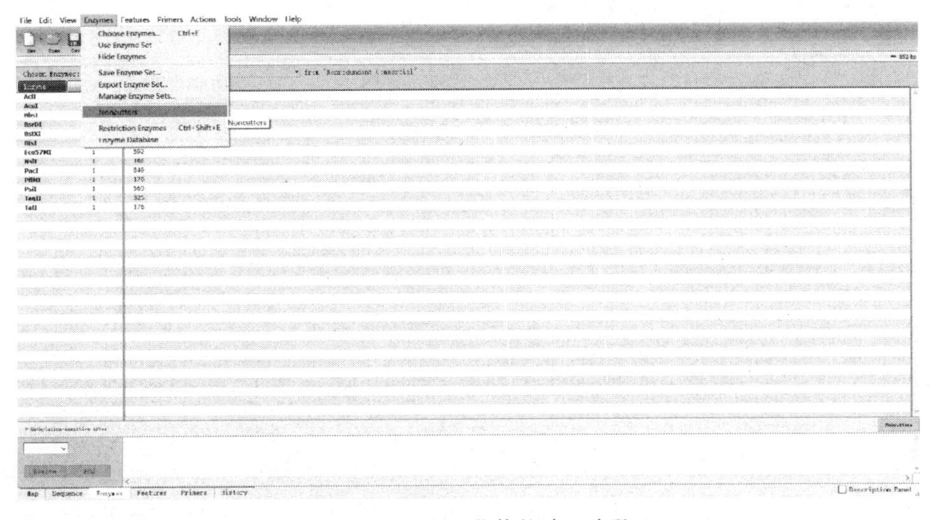

图 7－9　SnapGene 载体构建（步骤八）

Noncutters for Untitled

438 enzymes do not cut Untitled:

Msp20I	NmuCI	PdiI	PpsI	PspPPI	SanDI	SgrAI	SspBI	TstI	XmiI
MspCI	NotI	Pfl23II	PpuMI	PspXI	Sau96I	SgrBI	SspDI	Tth111I	ZraI
MspR9I	NruI	PflFI	PscI	PsrI	SbfI	SgrDI	SstI	Van91I	ZrmI
MssI	NsbI	PflMI	PshAI	PstI	ScaI	SgsI	SstII	Vha464I	
MunI	NspV	PfoI	PshBI	PsuI	SchI	SinI	StuI	VneI	
MvaI	PacI	PI-PspI	Psp5II	PsyI	ScrFI	SlaI	StyI	VpaK11BI	
Mva1269I	PaeI	PI-SceI	Psp6I	PvuI	SdaI	SmaI	StyD4I	VspI	
MvnI	PaeR7I	PinAI	Psp124BI	RcaI	SexAI	SmiI	SwaI	XapI	
NaeI	PagI	PleI	PspCI	RgaI	SfaAI	SmuI	TaqI	XbaI	
NarI	PalAI	Ple19I	PspEI	RigI	SfiI	SpeI	TaqII	XcmI	
NciI	PasI	PluTI	PspFI	RsrII	SfoI	SphI	TliI	XhoI	
NcoI	PauI	PmaCI	PspGI	Rsr2I	Sfr274I	SrfI	Tsp45I	XhoII	
NdeI	PceI	PmeI	PspLI	SacI	Sfr303I	Sse8387I	TspDTI	XmaI	
NgoMIV	PciI	PmlI	PspOMI	SacII	SfuI	SseBI	TspGWI	XmaCI	
NheI	PctI	PpiI	PspPI	SalI	SgfI	SspI	TspMI	XmaJI	

Close　Print...　Export...

图 7－10　SnapGene 载体构建（步骤九）

这里将以 *TP*53 基因克隆进 pEGFP－C1 载体为例，来讲解酶切位点的选择以及引物的设计。

打开载体序列，点击 Enzymes－Choose Enzymes，在弹出的窗口中 Chosen Enzymes 处选择 Unique Cutters（55）（图 7－11），显示出载体所含酶切位点，将以上酶切位点保存到一个单独的文件。

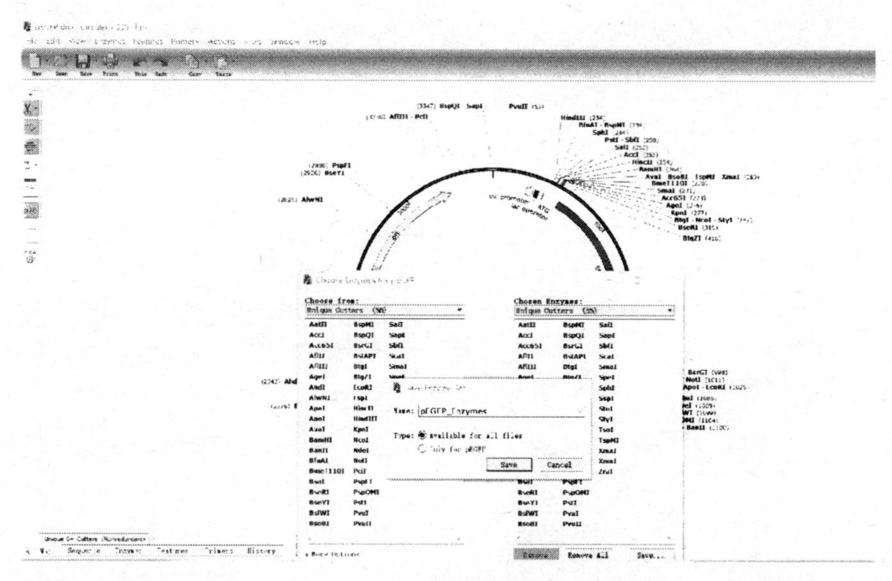

图 7－11　SnapGene 载体构建（步骤十）

随后在打开 CDS 序列文件的窗口中，点击 Enzymes－Choose Enzymes，之后弹出 Choose from：窗口如图 7－12，在 Chosen Enzymes 处选择前述保存的载体多克隆位点中的酶（pEGFP－Enzymes），如图所示，右侧的酶切位点均为载体所含的酶切位点，加粗部分为 CDS 序列所含酶切位点，因此，在构建载体时，须选择右侧未加粗的酶切位点来连接目标序列和载体。

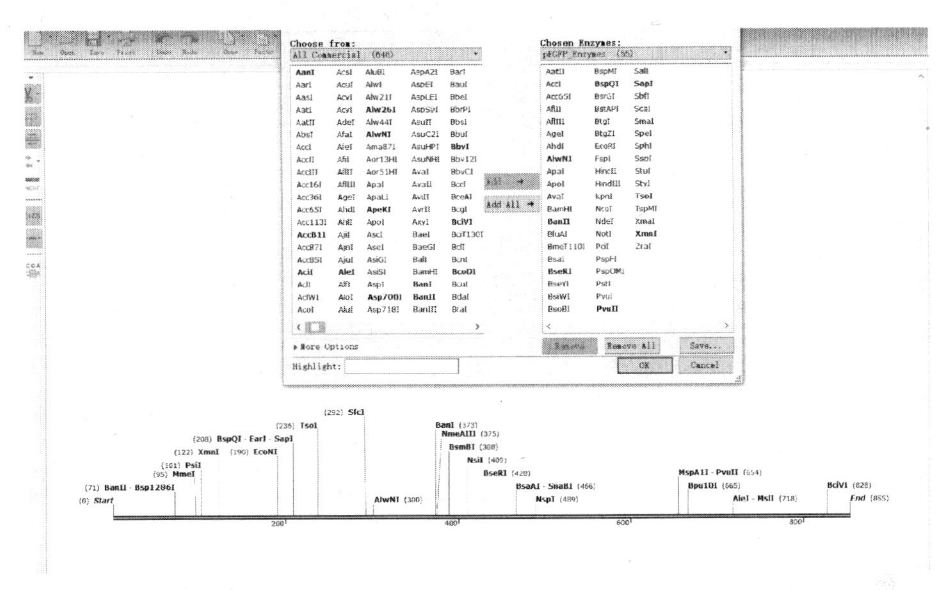

图 7－12　SnapGene 载体构建（步骤十一）

3. 利用 SnapGene 开展引物设计以及模拟克隆　以 pUC18 构建 SWEET2 载体为例，通过酶切位点筛选，选择“SphI”和“SmaI”两种内切酶，其中需要注意的是：SphI 在上游，SmaI 在下游。

按照之前步骤，用 snapgene 打开 SWEET10 CDS 序列（图 7－13），选择底部“Sequence”页面（图 7－14）。

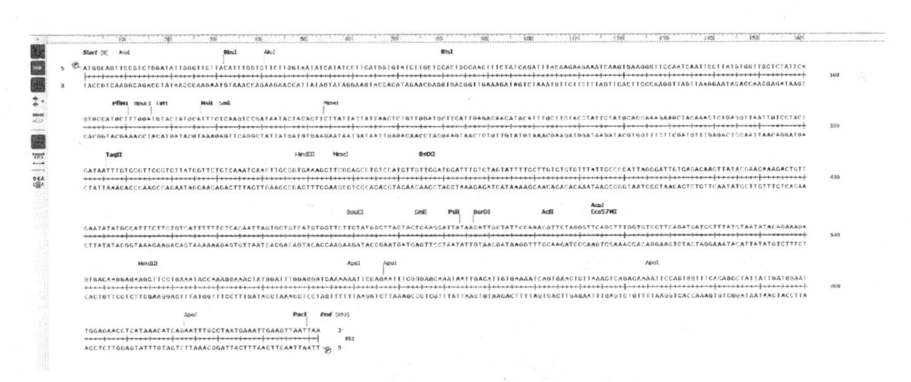

图 7－13　SnapGene 载体构建（步骤十二）

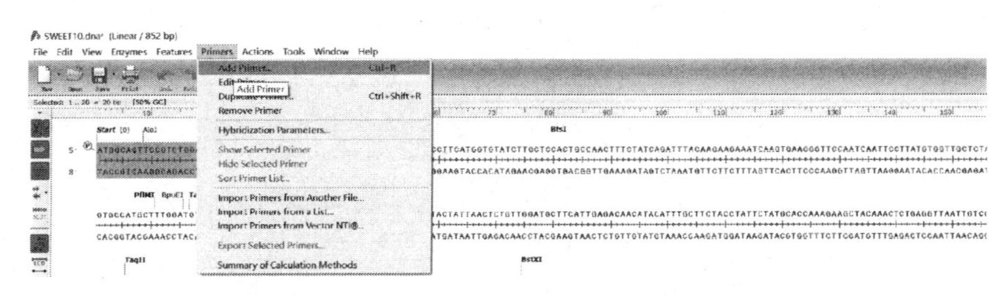

图 7－14　SnapGene 载体构建（步骤十三）

接下来进行引物设计：首先先选上游前 20 个碱基。点击“Primers”→“add primer”，在弹出的选项框中选择“TOP strand”（图 7-15）。

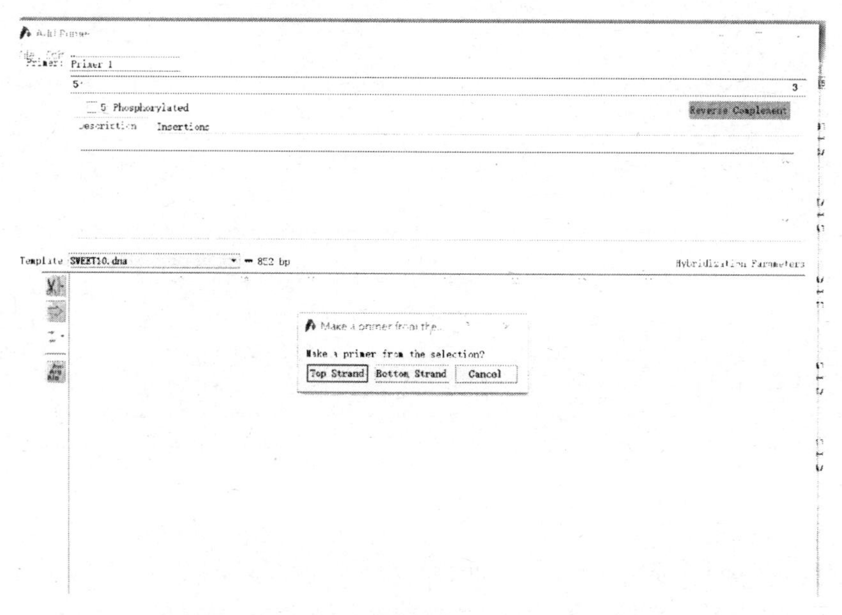

图 7-15 SnapGene 载体构建（步骤十四）

按图 7-16 所示，更改上游 primer 的名字以及添加酶切位点序列和保护碱基的序列，然后点击“Add primer to template”（图 7-16）。

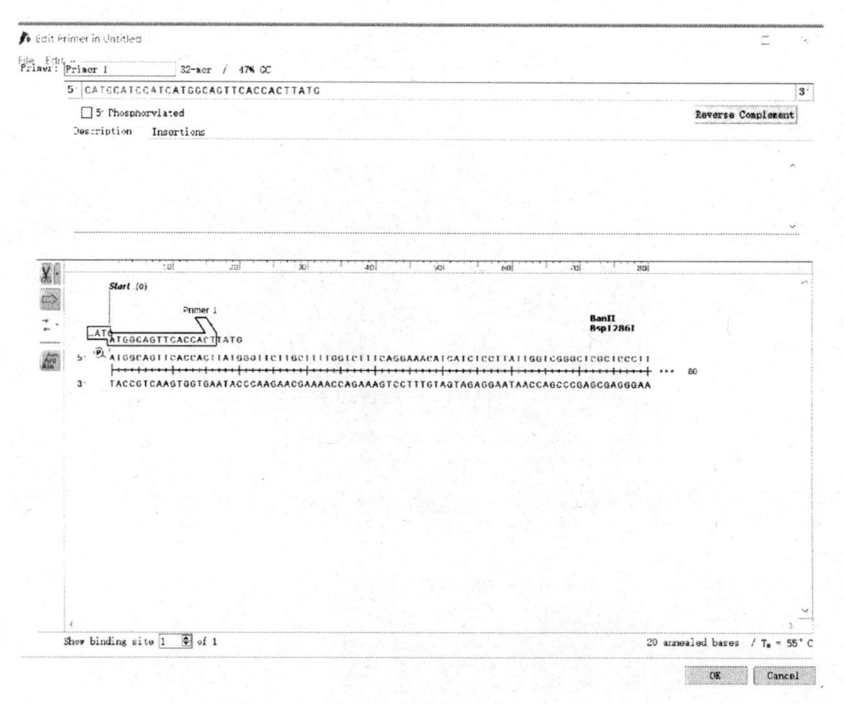

图 7-16 SnapGene 载体构建（步骤十五）

然后选择下游 20 个碱基，点击 “Edit” → “Copy Bottom Strand”，选择 “5′→3′”（图 7－17）。

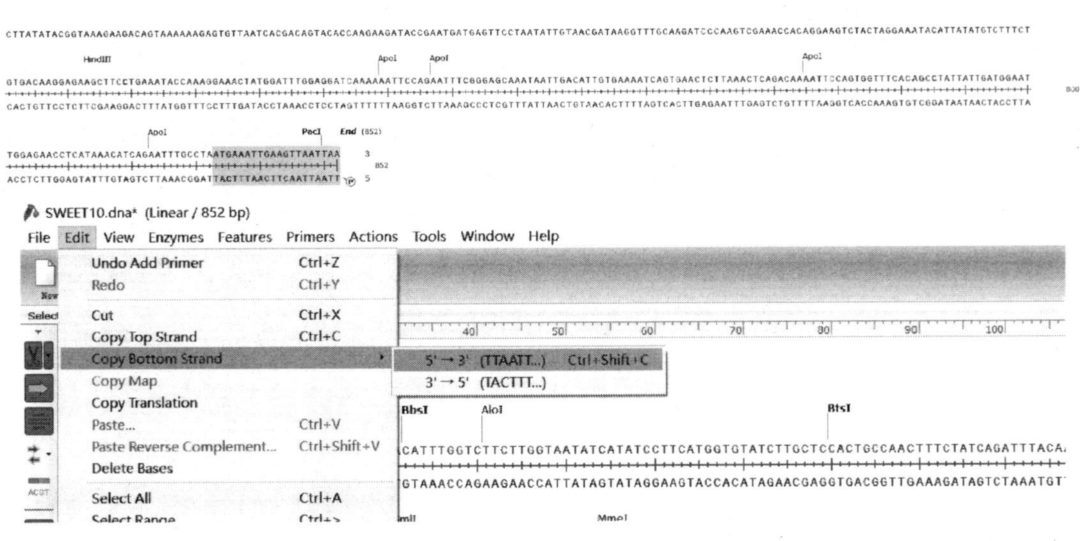

图 7－17　SnapGene 载体构建（步骤十六）

然后，点击 “Primers” → “Add Primer”，在弹出的选项框中点击右上角的×（图 7－18），直接关闭。

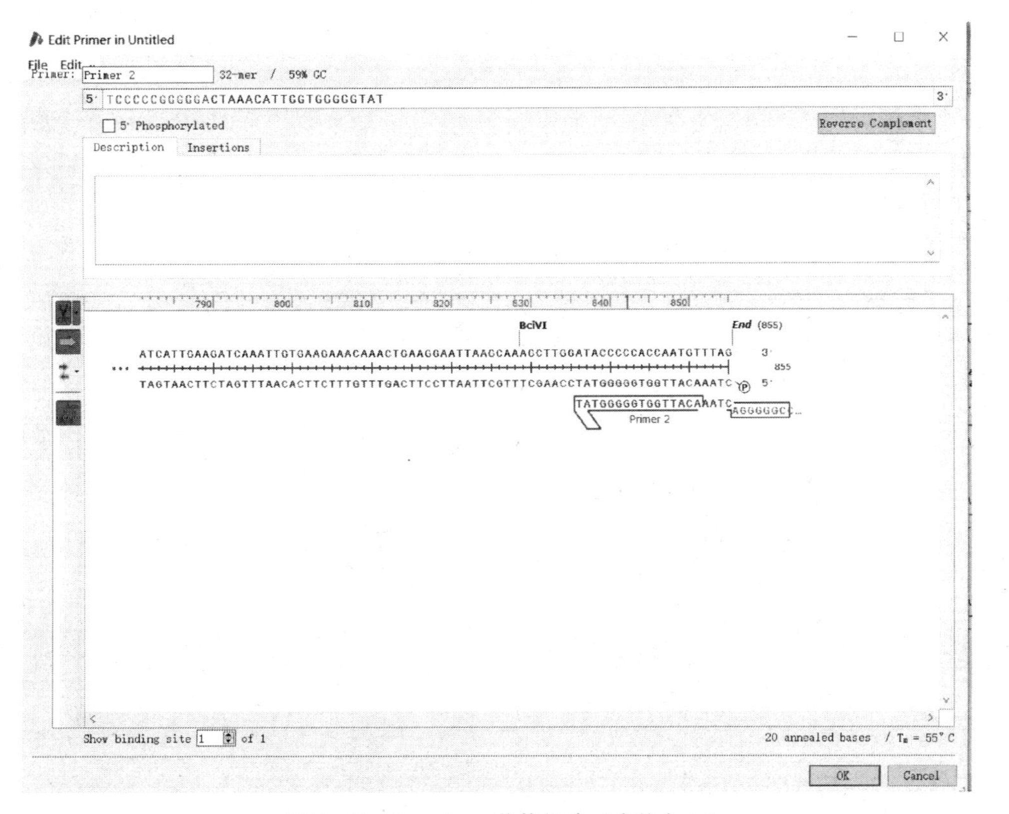

图 7－18　SnapGene 载体构建（步骤十七）

点击“Map”，Ctrl键选择两个引物（见图7-18），点击“Action”→“PCR”（图7-19）。

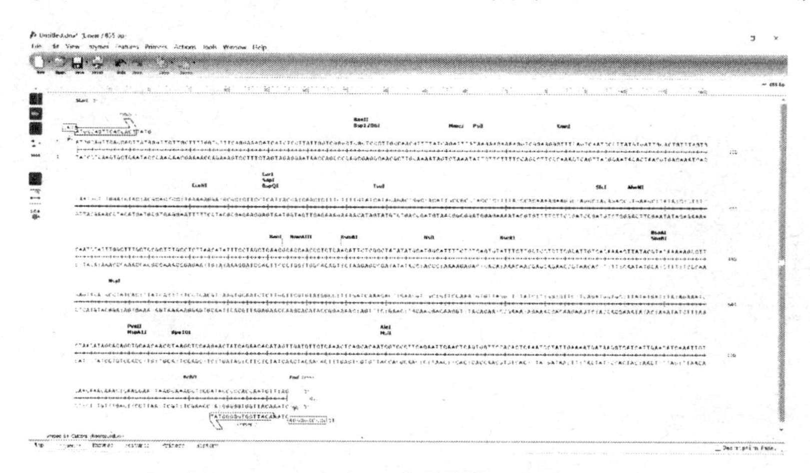

图7-19　SnapGene载体构建（步骤十八）

打开表达载体序列，按Ctrl键选择两个酶切位点（蓝色标记的），点击“Action”→“Restriction Cloning”→“Insert Fragment”（图7-20）。

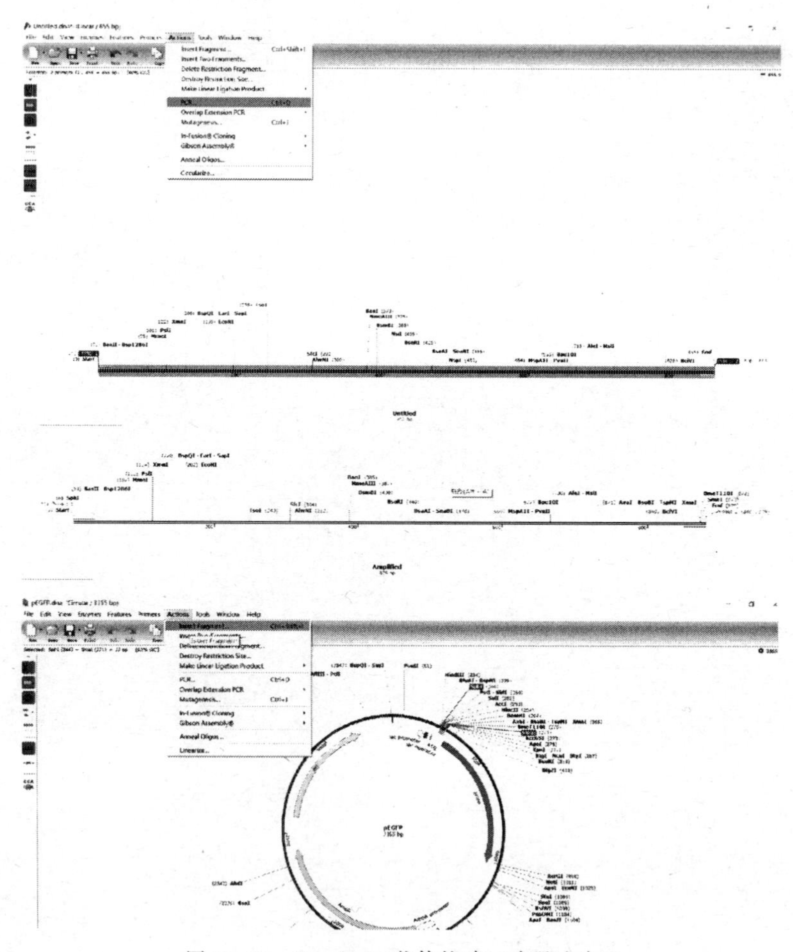

图7-20　SnapGene载体构建（步骤十九）

点击“Insert”，选择刚刚扩增产物的文件“Amplified. dna”，然后分别输入相应内切酶的名字，点击插入的片段（图 7-21）。

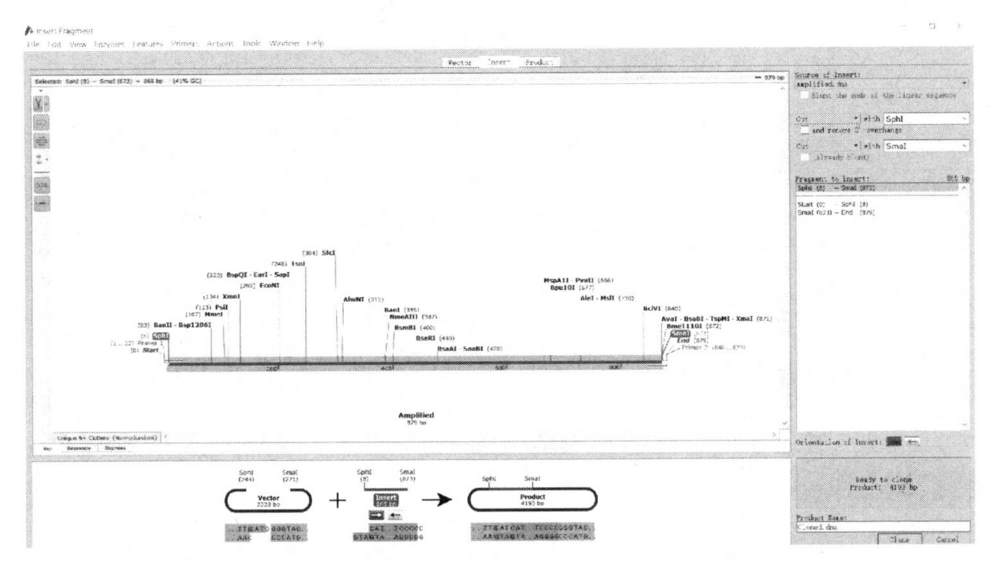

图 7-21　SnapGene 载体构建（步骤二十）

如图 7-22 所示即为构建好的质粒。

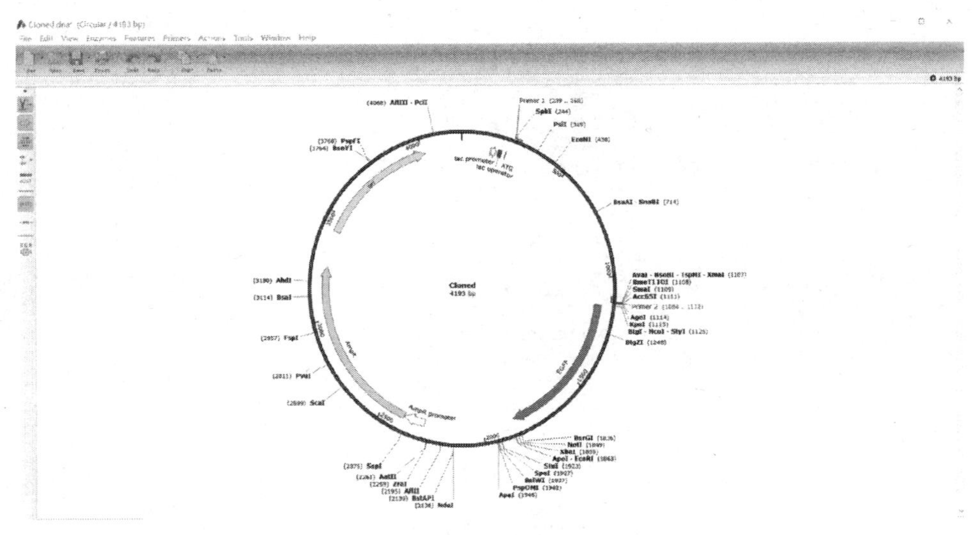

图 7-22　SnapGene 载体构建（步骤二十一）

第二节　DNAMAN 使用简介

DNAMAN 是一种常用的核算序列分析软件。本文以 DNAMAN5. 2. 9 版本为例，简单介绍其使用。

1. DNAMAN 基本介绍　打开 DNAMAN 软件，出现如图所示的界面（图 7-23）。

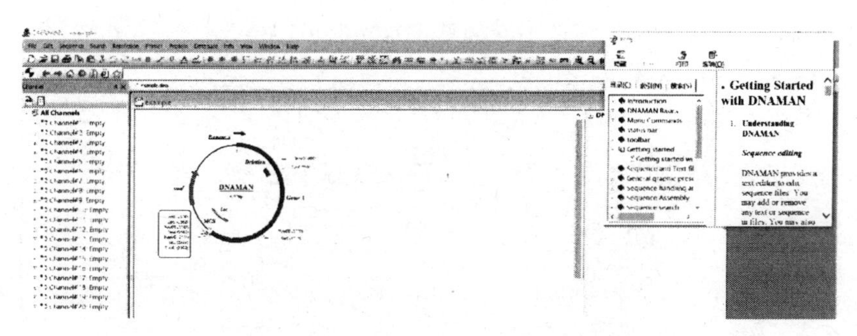

图 7 - 23　DNAMAN 软件开始界面

第一栏为主菜单栏。除了帮助菜单为，有十个常用主菜单，如下所示（图 7 - 24）：

File Edit Sequence Search Restriction Primer Protein Database Info View Window Help

图 7 - 24　DNAMAN 软件主菜单栏

第二栏为工具栏：如下所示（图 7 - 25）：

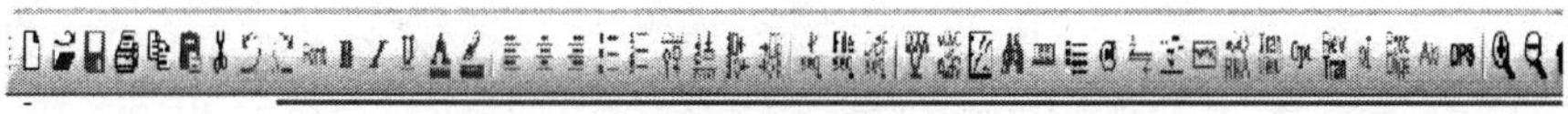

图 7 - 25　DNAMAN 软件工具栏

第三栏为浏览器栏：如下所示（图 7 - 26）：

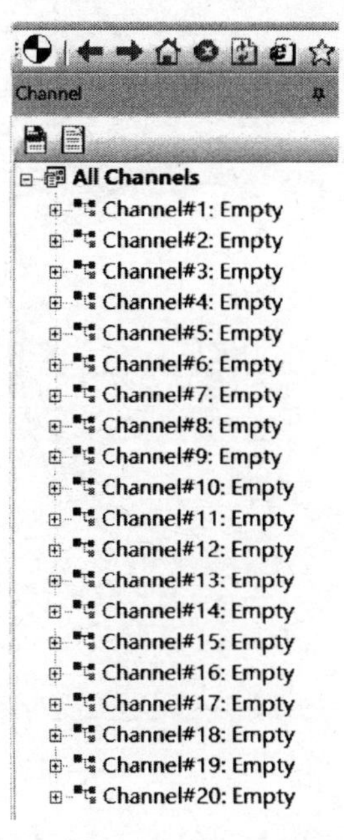

图 7 - 26　DNAMAN 软件多序列比对（步骤一）

在浏览器下方的工作区左侧，课件 Channel 工具条，DNAMAN 提供 20 个 Channel，如左所示：点击 Channel 工具条上相应的数字，即可激活相应的 Channel。每个 Channel 可以装入一个序列。将要分析的序列（DNA 序列或氨基酸序列）放入 Channel 中可以节约存取时间，加快分析速度。

将所需比对的序列保存好以后，选中 Sequence—Aligment—Multiple aligment sequence 进行多序列比较。

在弹出的窗口 Sequence&Files 中加载序列，File、Fold、Channel、Database 分别表示从文件、文件夹、Channel 和数据库中获取序列。勾选窗口中的“DNA”，点击“下一步”（图 7-27）。

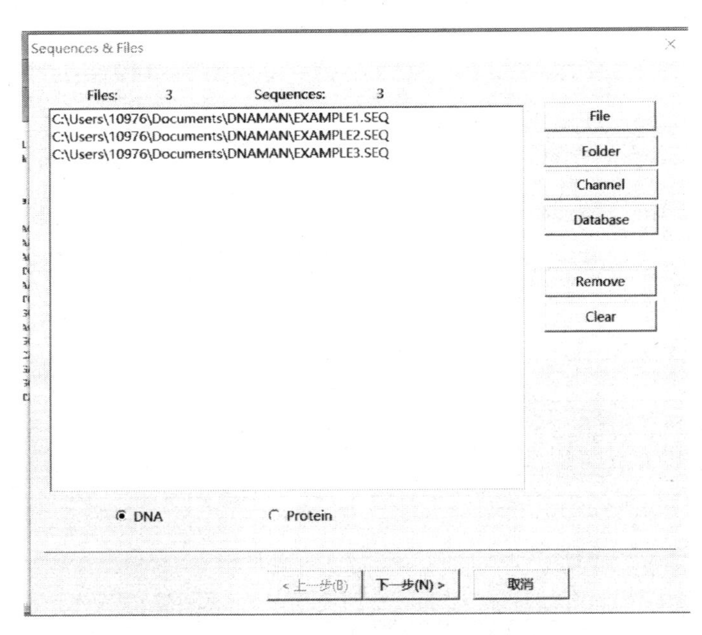

图 7-27　DNAMAN 软件多序列比对（步骤二）

通过打开 Sequence/Multiple Sequence Alignment 命令打开对话框，如下所示（图 7-28）：

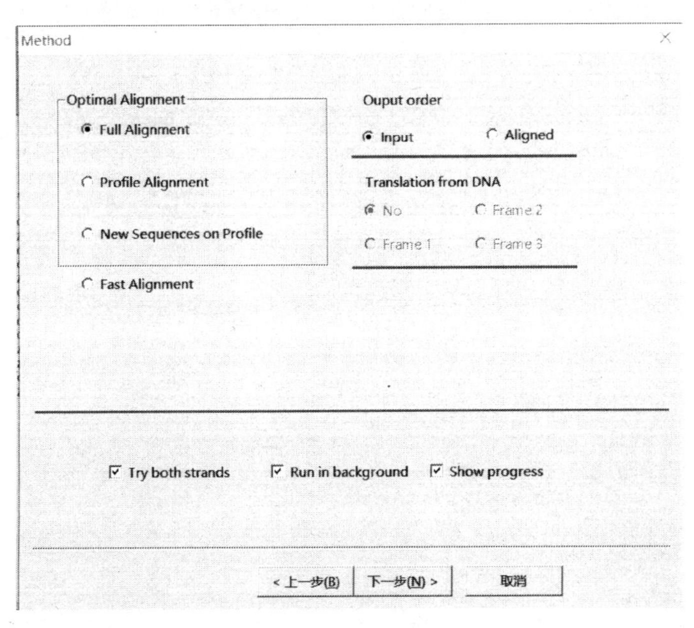

图 7-28　DNAMAN 软件多序列比对（步骤三）

点击 File - Output - Graphic（EMF）File，该序列比对的结果窗口可以图片格式保存。

参数说明如下：

Alignment Method 比对方法，通常可选 Quick（快速比对，见图 7 - 29），或 Smith&Waterman（最佳比对），当选择快速比对时，设置较小的 K - tuple 值（见图 7 - 29），可以提高精确度，当序列较长时，一般要设置较大的 K - tuple 值（dna 序列：K - tuple 值可选范围 2～6；蛋白质序列：K - tuple 值可选范围 1～3）。

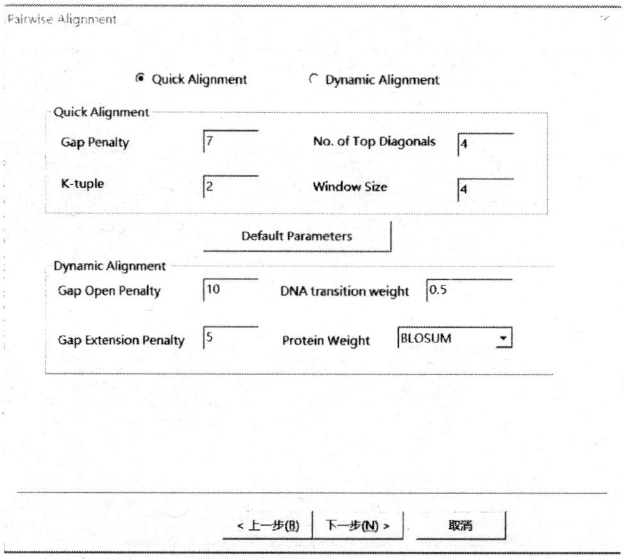

图 7 - 29　DNAMAN 软件多序列比对（步骤四）

多序列同源性分析：

通过打开 Sequence/Multiple Sequence Alignment 命令打开对话框，如图 7 - 30 所示：

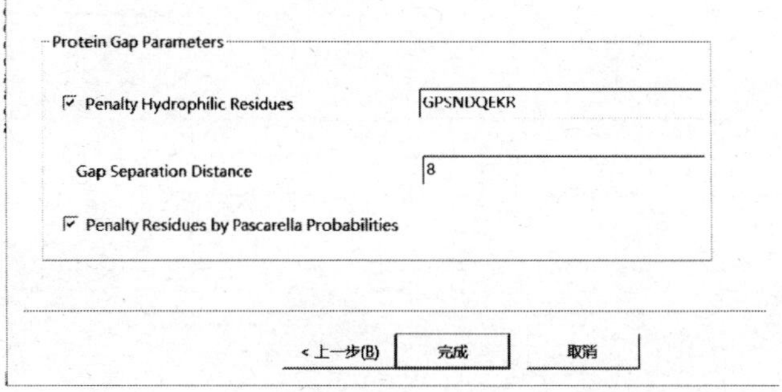

图 7 - 30　DNAMAN 软件多序列比对（步骤五）

参数说明如下：

File 从文件中选择参加比对的序列（图 7－31）；

Folder 从文件夹中选择参加比对的序列；

Channel 从 Channel 中选择参加比对的序列；

Dbase 从数据库中选择参加比对的序列（图 7－32）；

Remove 清除选择的序列（鼠标点击左边显示框中的序列名选择）。

Clear 清除全部序列点击“下一步”按钮，出现方法选择对话框（图 7－32）：

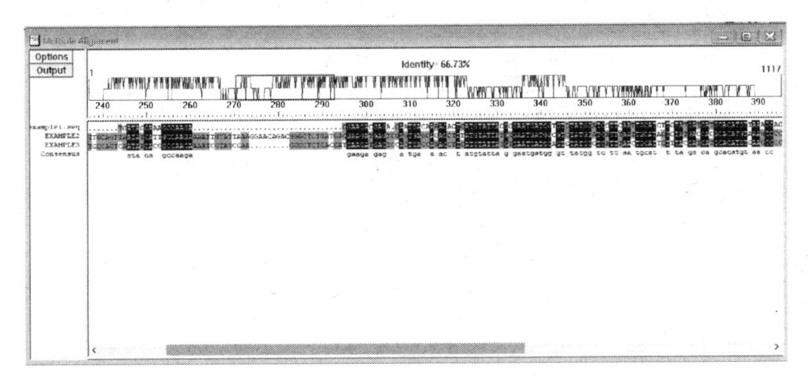

图 7－31　DNAMAN 软件多序列比对（步骤六）

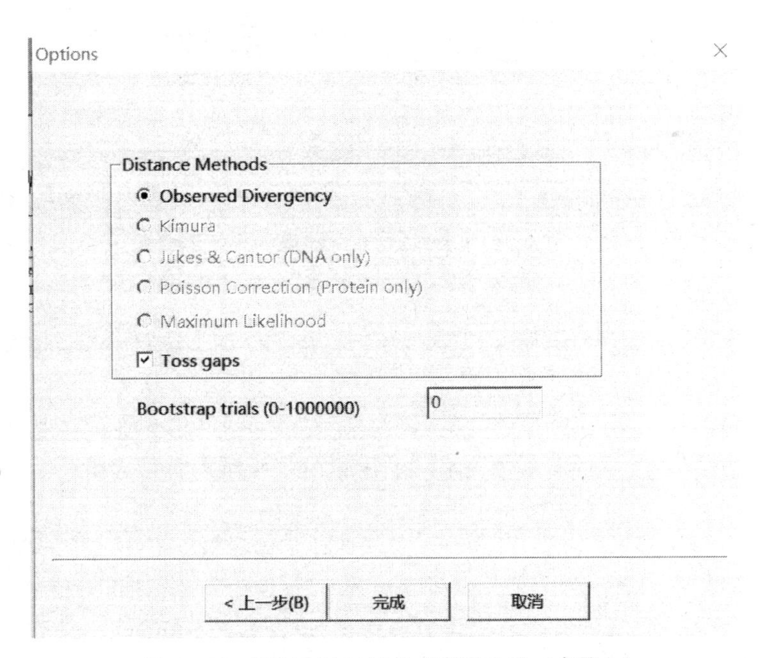

图 7－32　DNAMAN 软件多序列比对（步骤七）

如果在前一对话框选择的是 Fast Alignment，则在此对话框中选择 Quick Alignment，否则选择 Dynamic Alignment 即可。其他参数不必改变，点击对话框中间的“Default Parameters”（见图 7－29）使其他参数取原始默认值。点击“下一步”按钮，出现下列对话框（图 7－33）：

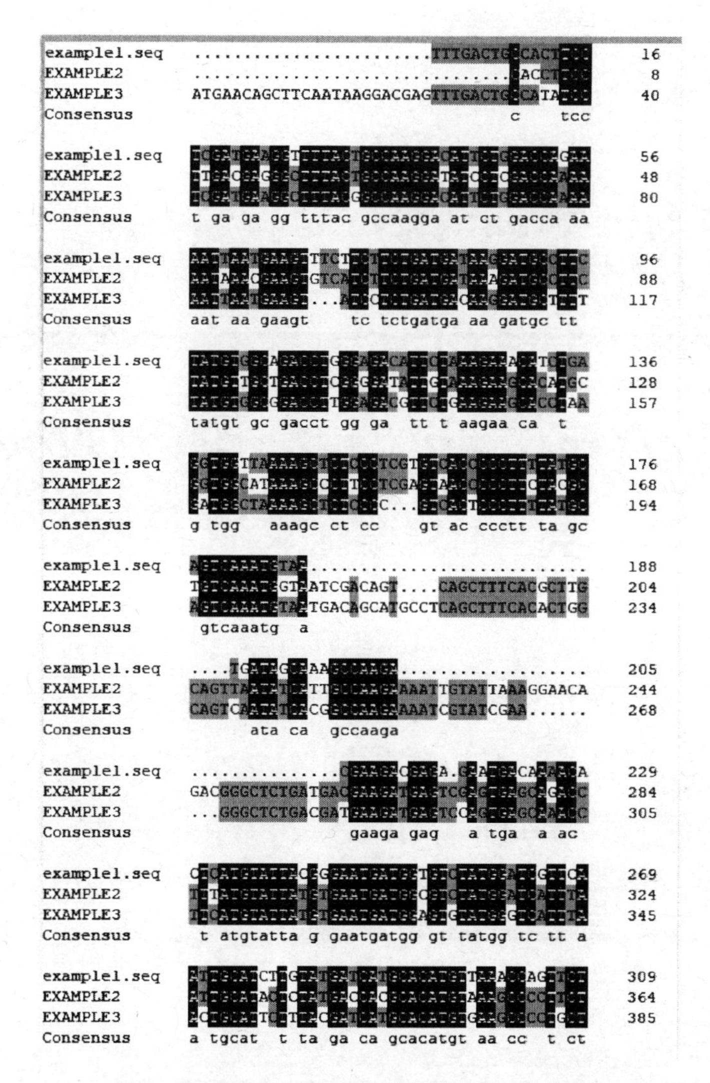

图 7-33　DNAMAN 软件多序列比对（步骤八）

2. PCR 引物设计　首先，将目标 DNA 片段装入 Channel，并激活 Channel（图 7-34）。点击主菜单栏中的 Primer 主菜单，出现下拉菜单，如图 7-35 所示：

点击 DesignPCR Primers for DNA 命令（图 7-35）

出现下列对话框（图 7-36），根据实际需求选择具体参数。

参数说明如下：

Primer locationson target 引物定位其中包括下列选项：Product size（扩增目的片段大小）；Sense primer（正向引物选择区）；Antisense primer（反向引物选择区）；Primer 引物特性包括 Length（引物长度），Tm 值，GC 含量等参数；Reject primer 引物过滤（将符合引物过滤条件的引物过滤掉）包括下列选项：3′dimer（可形成 3′端自我互补的碱基数）；Hairpin Stem（可形成发卡颈环结构的碱基数）；PolyN（多聚碱基）；3′Uique（3′端严格配对碱基数）；All Matches（引物互补配对百分数）；Consentrations 浓度设定；Product for hybridyzat（ion）PCR 产物用于 SouthernBlot 探针杂交。

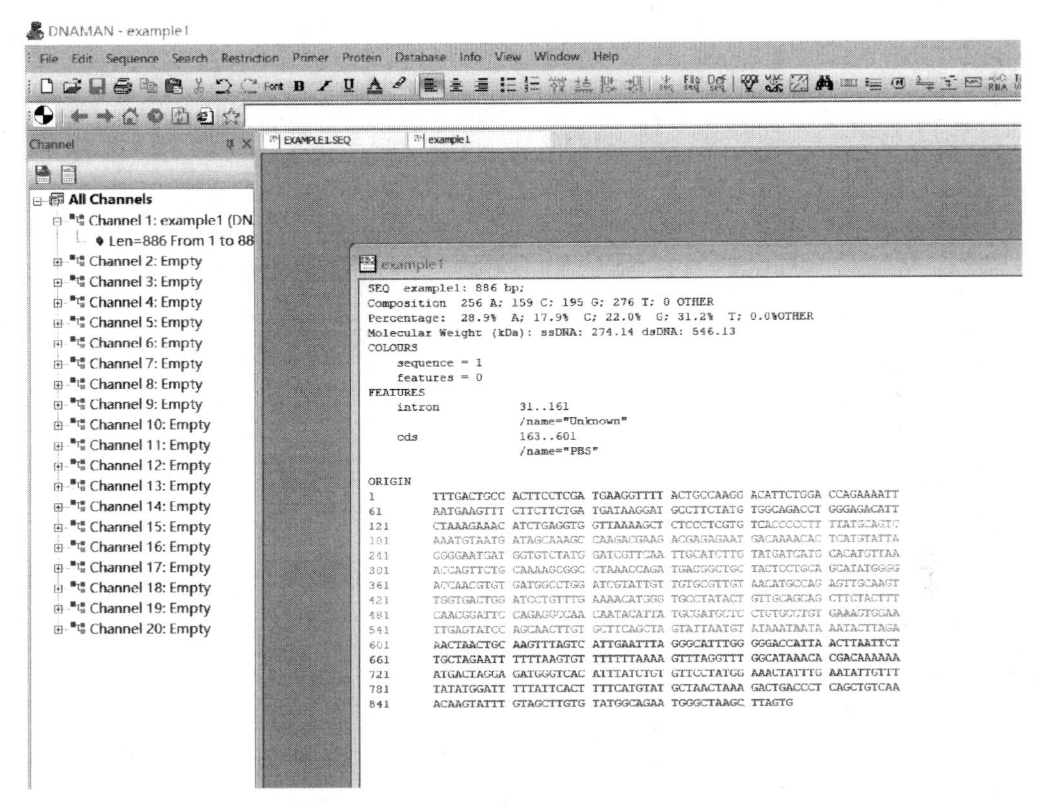

图 7-34　DNAMAN 软件设计引物（步骤一）

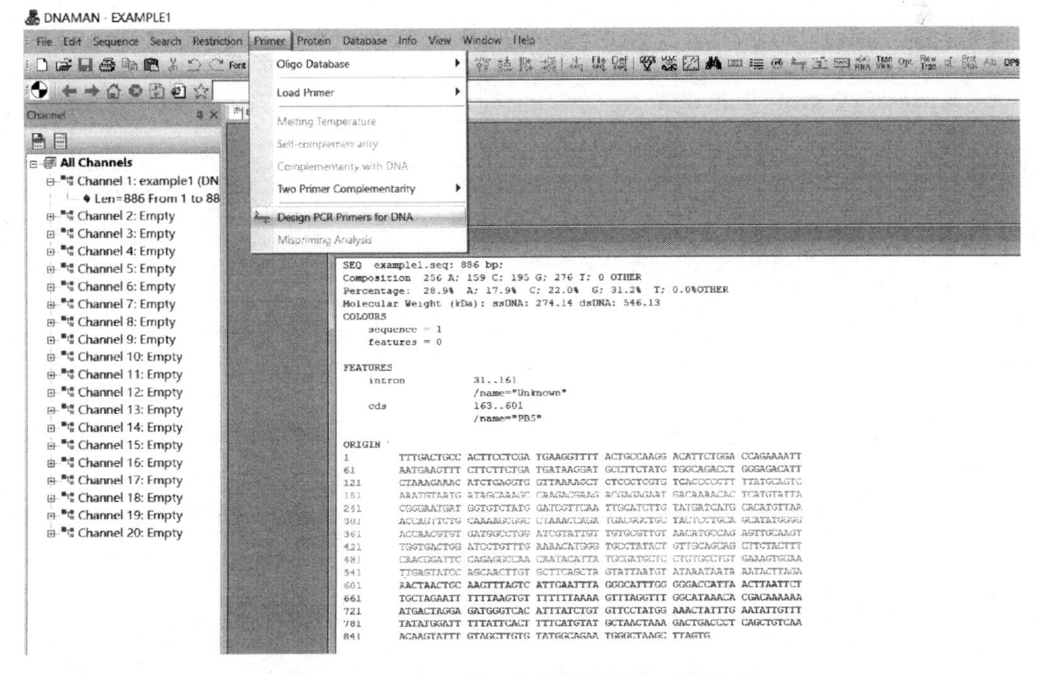

图 7-35　DNAMAN 软件设计引物（步骤二）

Step 1 of 3: Primer filtration

Primer locations on target sequence

Product size (bp) from 400 to 800

Sense primer from 1 to 886

Antisense primer from 1 to 886

Primer properties ☑ Shortest primers

☑ G/C at 3' end

Length (base) 18 to 22

Tm (℃) 56 to 62

GC (%) 45 to 55

Reject primers

3' Dimers (bp) > 3 Hairpin Stem (bp) > 3

PloyN (base) > 3 3' Unique (base) < 6

Primer-Primer: 3 All matches(%)> 50

Concentrations for Tm calculation

Primer (nM) 50

Salt (mM) 50

☐ Product for hybridyzation Tm(℃) from 70 to 90 GC (%) from 40 to 70 [Salt] (mM) 200 PloyN (base) < 8

< 上一步(B) 下一步(N) > 取消

图 7－36 DNAMAN 软件设计引物（步骤三）

点击“下一步”按钮，出现下列对话框（图 7－37）：

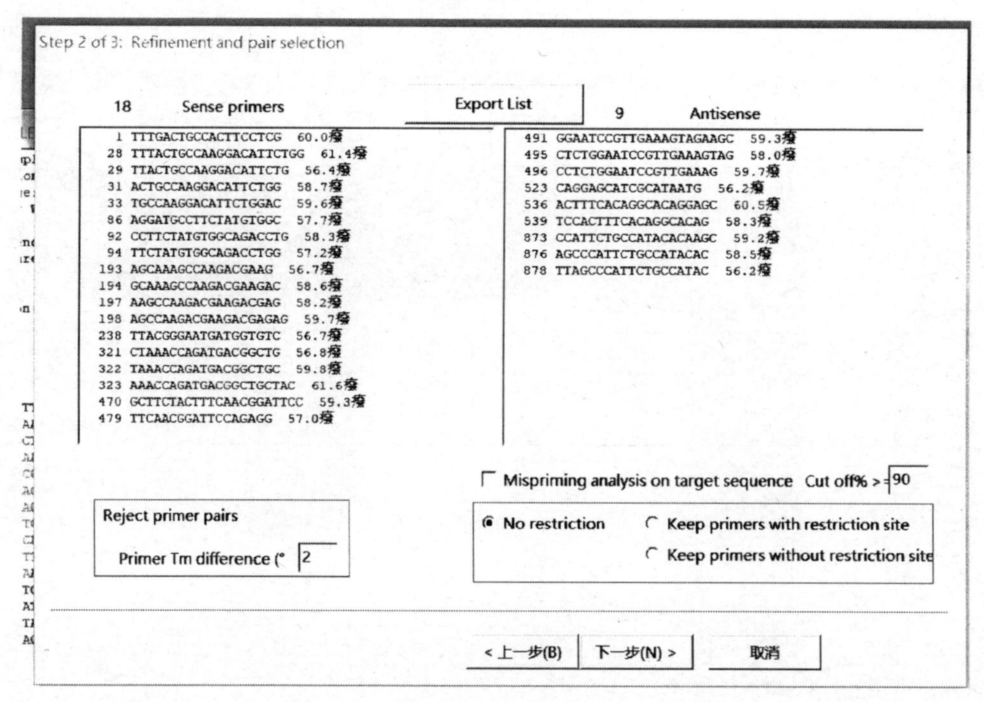

图 7－37 DNAMAN 软件设计引物（步骤四）

选择需要的选项，点击“下一步”按钮，出现如下界面（图 7－38、图 7－39）。

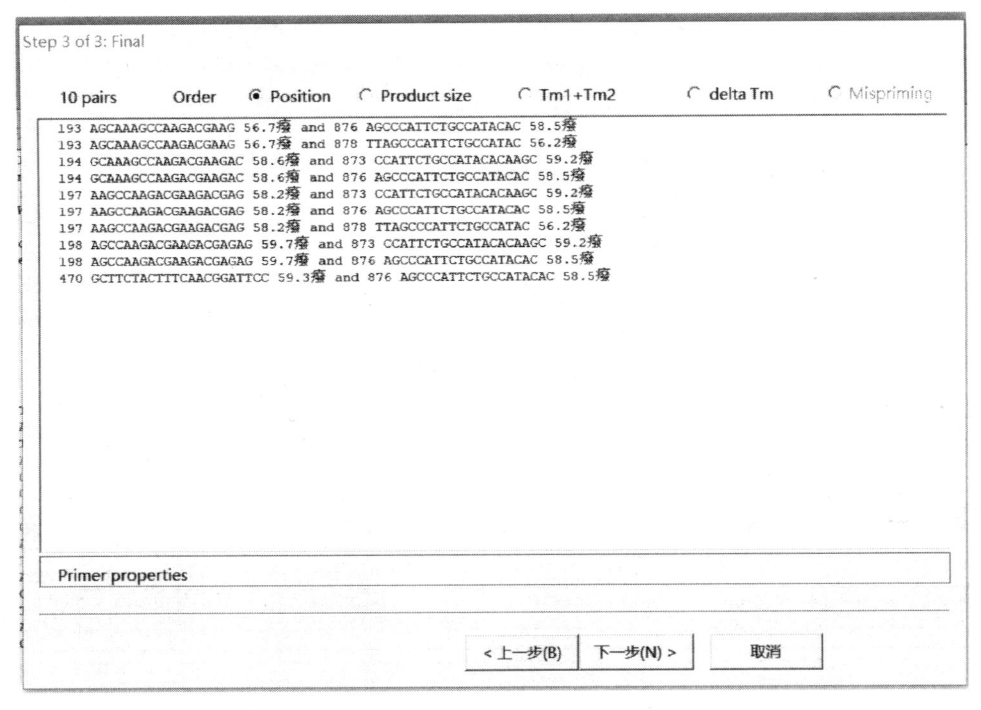

图 7－38　DNAMAN 软件设计引物（步骤五）

Untitled
Primer list for sequence: example1
193 AGCAAAGCCAAGACGAAG 56.7癈 and 876 AGCCCATTCTGCCATACAC 58.5癈
193 AGCAAAGCCAAGACGAAG 56.7癈 and 878 TTAGCCCATTCTGCCATAC 56.2癈
194 GCAAAGCCAAGACGAAGAC 58.6癈 and 873 CCATTCTGCCATACACAAGC 59.2癈
194 GCAAAGCCAAGACGAAGAC 58.6癈 and 876 AGCCCATTCTGCCATACAC 58.5癈
197 AAGCCAAGACGAAGACGAG 58.2癈 and 873 CCATTCTGCCATACACAAGC 59.2癈
197 AAGCCAAGACGAAGACGAG 58.2癈 and 876 AGCCCATTCTGCCATACAC 58.5癈
197 AAGCCAAGACGAAGACGAG 58.2癈 and 878 TTAGCCCATTCTGCCATAC 56.2癈
198 AGCCAAGACGAAGACGAGAG 59.7癈 and 873 CCATTCTGCCATACACAAGC 59.2癈
198 AGCCAAGACGAAGACGAGAG 59.7癈 and 876 AGCCCATTCTGCCATACAC 58.5癈
470 GCTTCTACTTTCAACGGATTCC 59.3癈 and 876 AGCCCATTCTGCCATACAC 58.5癈

图 7－39　DNAMAN 软件设计引物（步骤六）

3. 绘制质粒图谱　通过 Restriction/Drawmap 命令打开质粒绘图界面（图 7－40）：

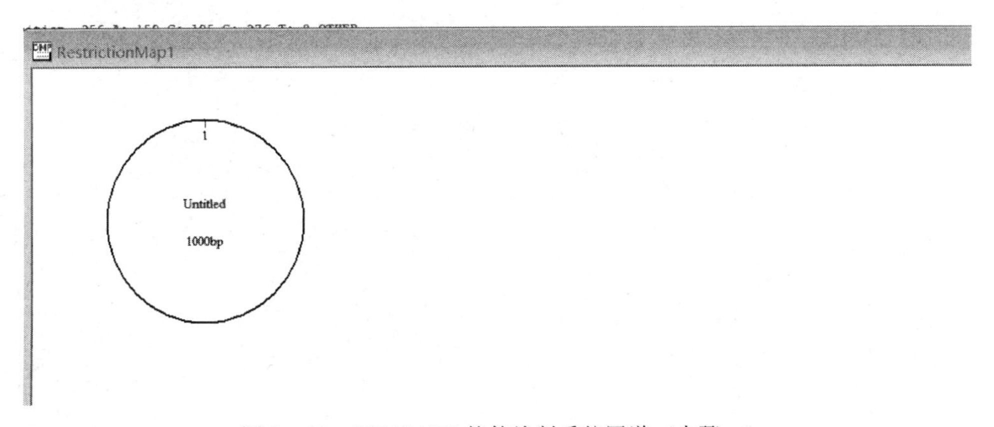

图 7－40　DNAMAN 软件绘制质粒图谱（步骤一）

将鼠标移动到圆圈上，等鼠标变形成“+”时，单击鼠标左键，出现如下菜单（图 7-41）：

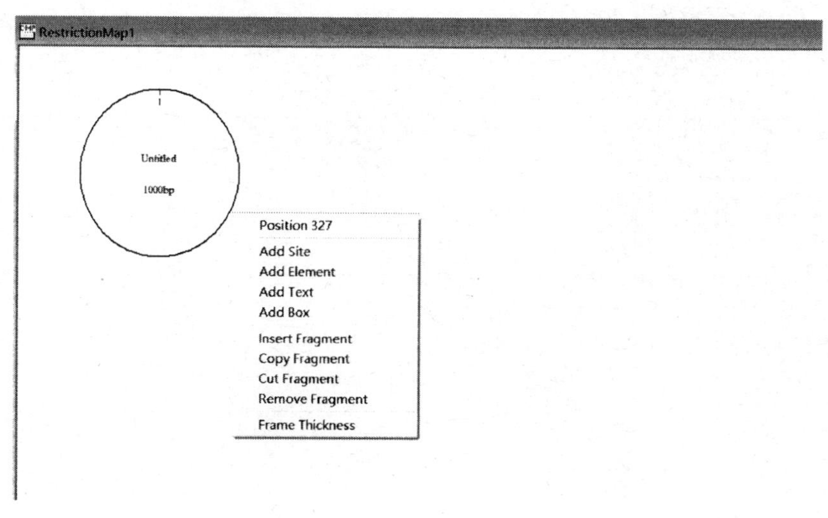

图 7-41　DNAMAN 软件绘制质粒图谱（步骤二）

菜单说明如下：Position 当前位置；Add Site 添加酶切位点；Add Element 添加要素；Add Text 添加文字；Insert Fragment 插入片段；Copy Fragment 复制片段；Cut Fragment 剪切片段；Remove Fragment 清除片段；Frame Thickness 边框线粗细调节。

点击 Add Site 选项，出现如下对话框（图 7-42）：

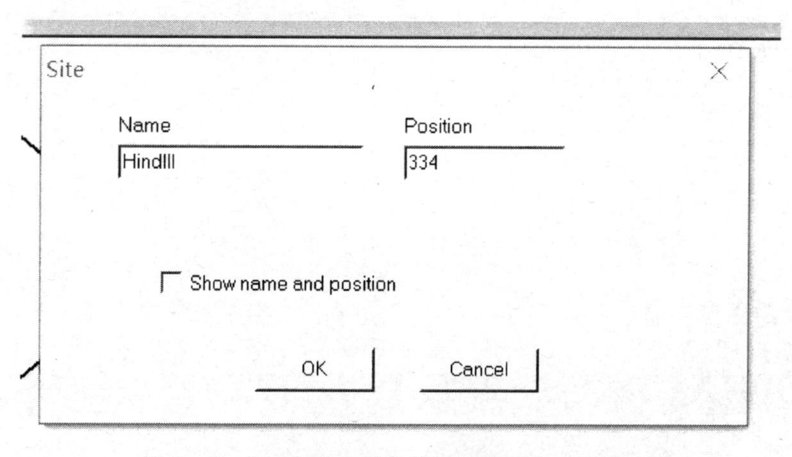

图 7-42　DNAMAN 软件绘制质粒图谱（步骤三）

参数说明如下：Name 要添加的酶切位点的名称（例如 HindIII）；Position 位置（以碱基数表示）。

点击 Add Element 选项，出现如下对话框（图 7-43）：

参数说明如下：Type 要素类型（共有三种类型，鼠标点击即可切换）；（c）olor/Pattern 填充色（共有 16 种颜色供选择）；Name 要素名称：Start/End/Size 要素起点/终点/粗细度。

点击 Add Text 选项，出现如下对话框（图 7-44）：

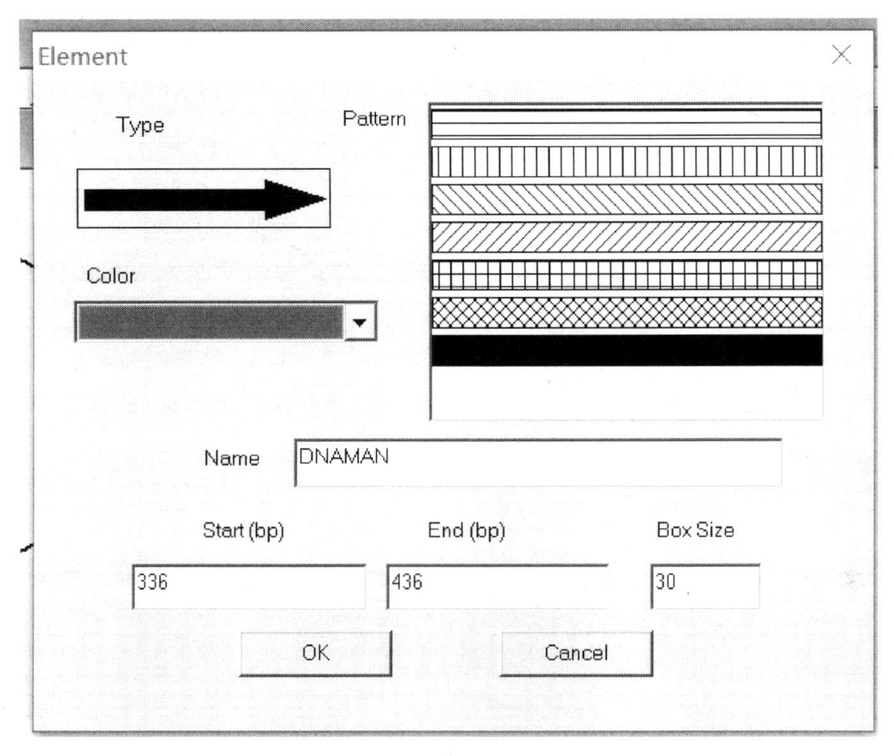

图 7-43　DNAMAN 软件绘制质粒图谱（步骤四）

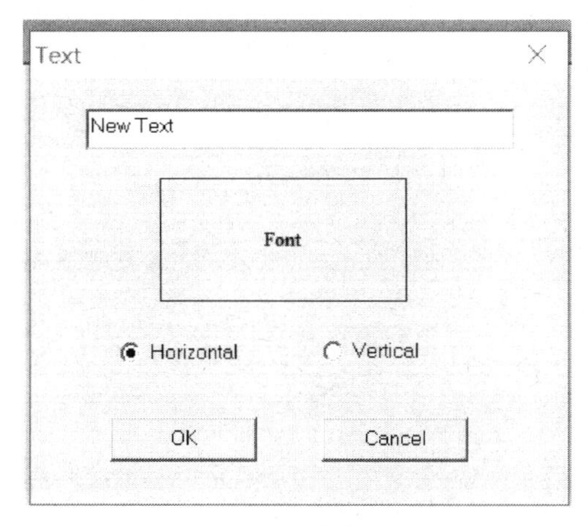

图 7-44　DNAMAN 软件绘制质粒图谱（步骤五）

输入要添加的文字，点击 Font 按钮设置字体和格式，选择 Horizontal（水平显示）或 Vertical（垂直显示），点击“OK”按钮即可。

在绘图界面空白处，双击鼠标，出现如下界面（图 7-45）：

通过此对话框，可以完成各种添加项目的操作，也可以修改已添加的项目。注意：可以通过鼠标双击质粒图上的项目来修改已添加的任何项目，可以通过鼠标移动任何项目（图 7-46）。

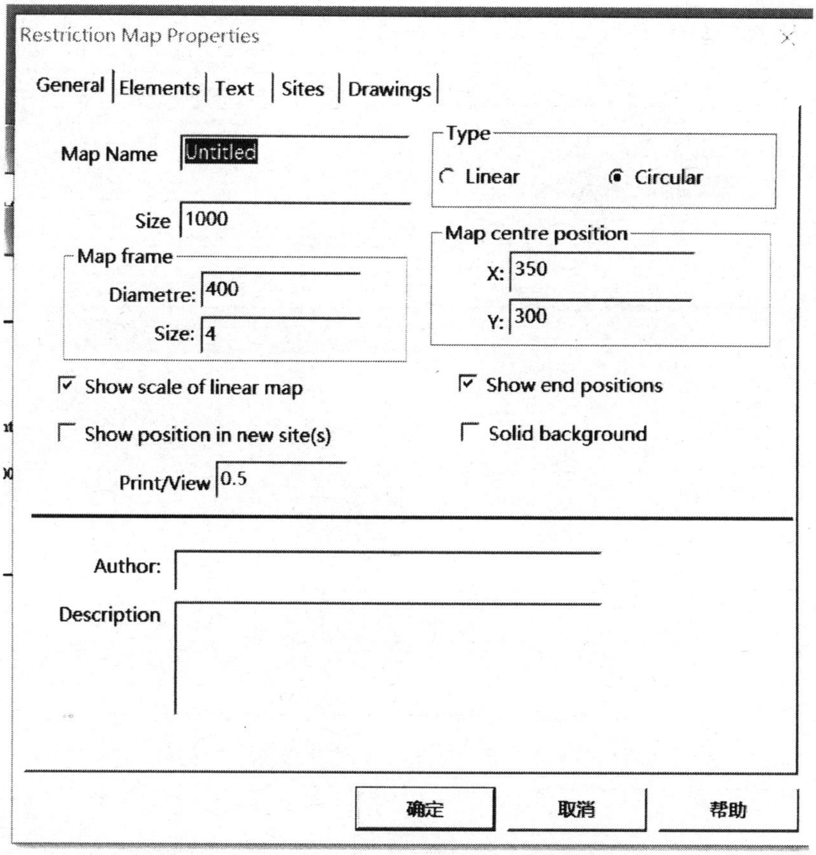

Restriction Map Properties
General
Elements
Text
Sites
Drawings
Map Name
Untitled
Type
Linear
Circular
Size
1000
Map frame
Diametre:
400
Size:
4
Map centre position
X:
350
Y:
300
Show scale of linear map
Show end positions
Show position in new site(s)
Solid background
Print/View
0.5
Author:
Description
确定
取消
帮助

图 7-45　DNAMAN 软件绘制质粒图谱（步骤六）

1
Ampr
SWEET gene
EcoRI
HindIII
DNAMAN
972bp
MCS
KpnI
NotI

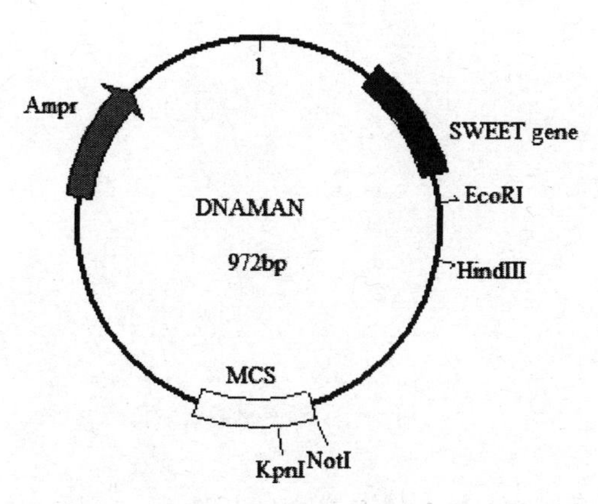

图 7-46　DNAMAN 软件绘制质粒图谱（步骤七）

第三节　Primer Premier 5

Primer Premier 5 是一款常用的引物设计软件，打开应用程序后出现如下界面（图 7-47）。

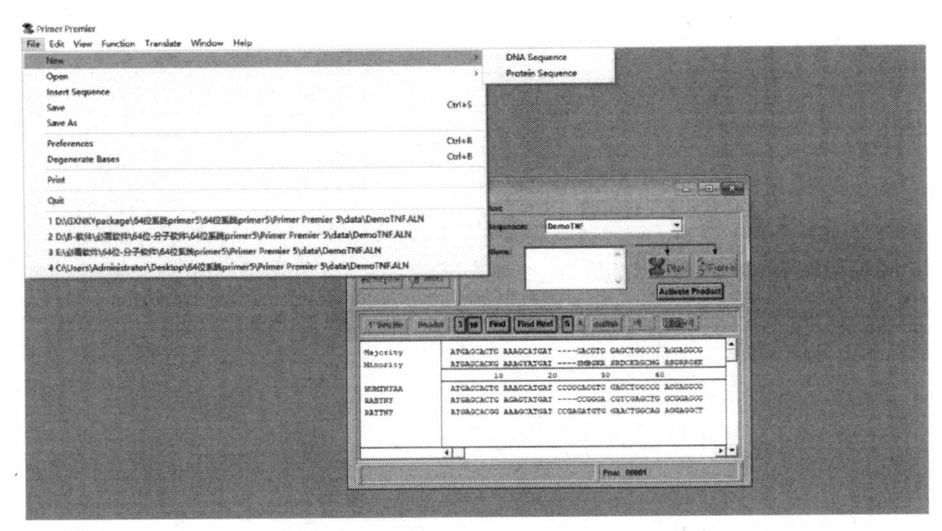

图 7－47　Primer Premier 5 引物设计（步骤一）

选择 As Is，点击 OK（图 7－48）。

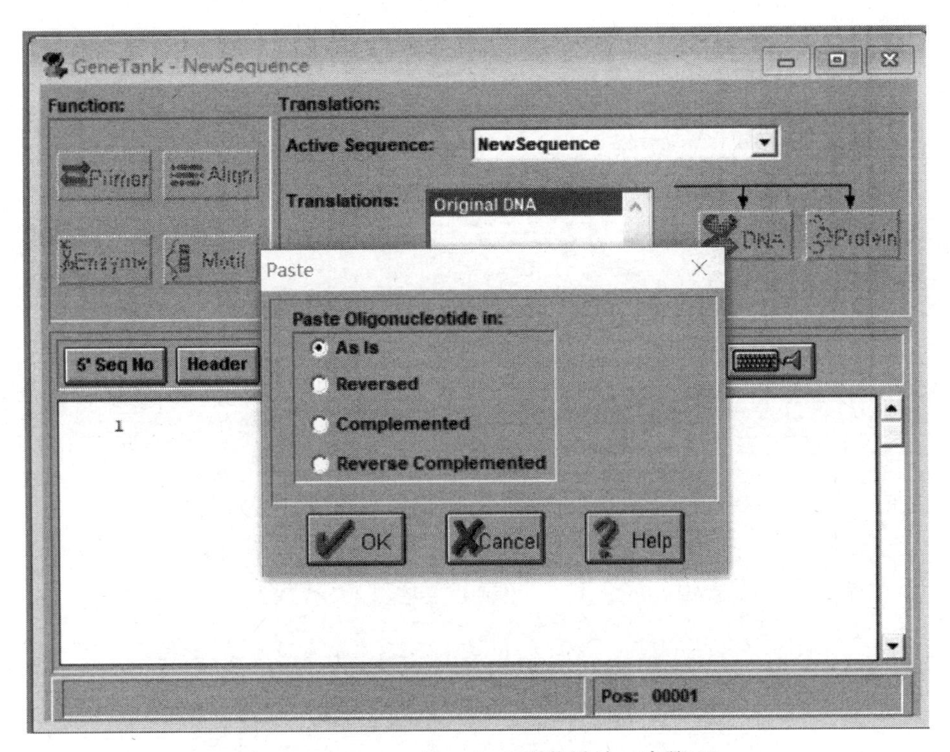

图 7－48　Primer Premier 5 引物设计（步骤二）

点击 Primer，进入引物设计窗口如图 7－49。

Search Mode 设置成 Manual 后，点击 Search Parameters 就可以设置 GC 比例等数据（图 7－50）。

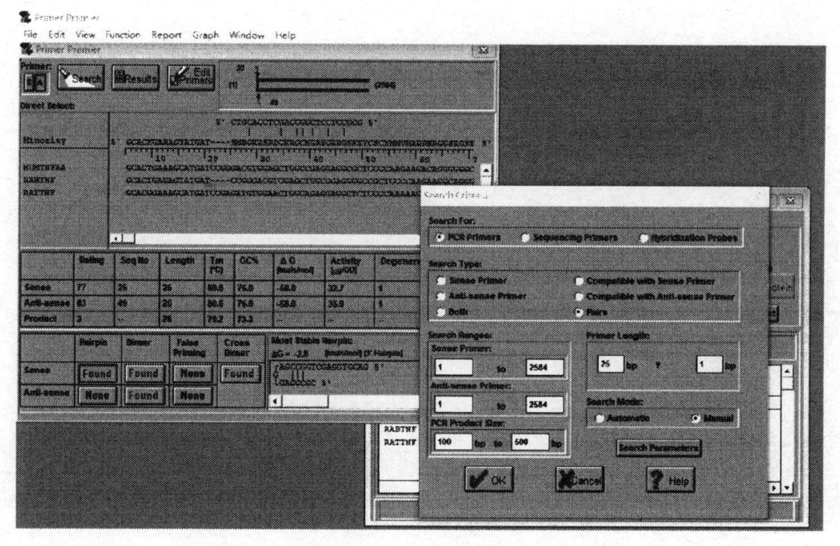

图 7-49　Primer Premier 5 引物设计（步骤三）

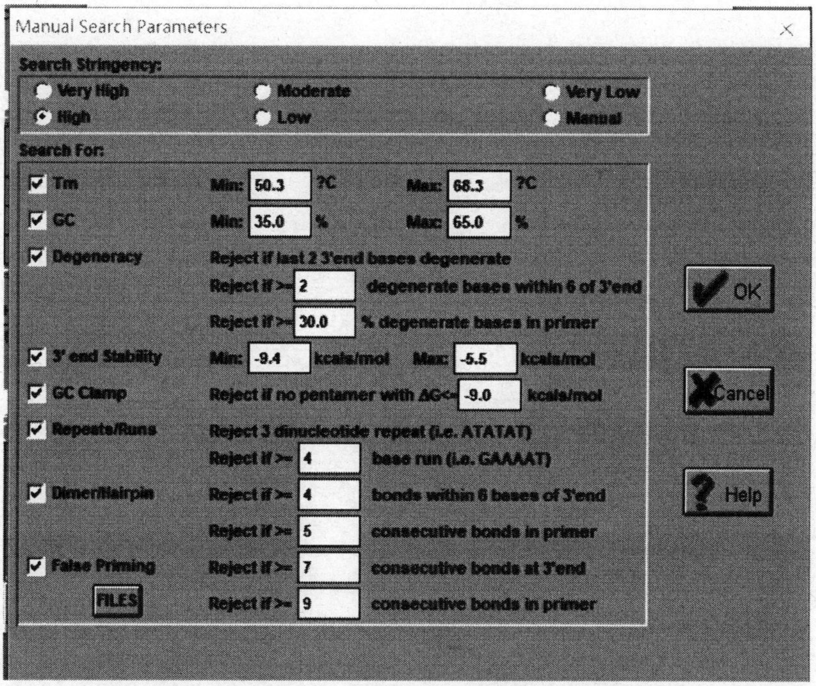

图 7-50　Primer Premier 5 引物设计（步骤四）

点击 OK，回到 Search Criteria 界面，在点击 OK 完成引物搜索（图 7-51）。搜索完成后会有两种情况，一种是找到合适的引物，另一种是没有找到合适的引物，若没有找到合适的引物，按 Cancel 返回，适当放宽引物搜索条件，直至找到合适的引物位置。点击 OK，进入引物搜索结果窗口。

引物设计成功的窗口如下（图 7-52）：

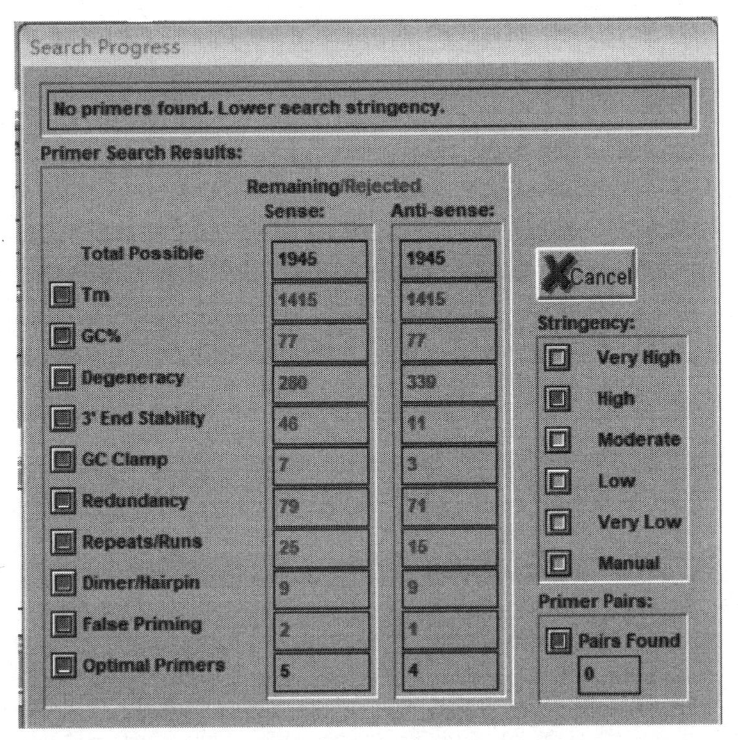

图 7 - 51　Primer Premier 5 引物设计（步骤五）

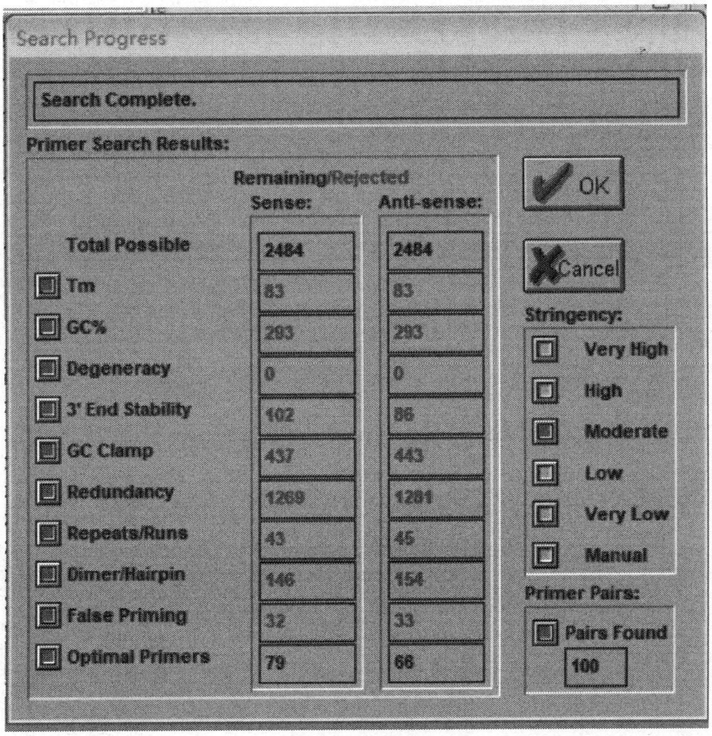

图 7 - 52　Primer Premier 5 引物设计（步骤六）

引物设计完毕后点击 OK。

在引物搜索结果窗口中，搜索结果默认按照“Rating”评分排序，点击其中一个搜索结果（图 7－53），可以在“引物设计”中显示该引物的综合情况。

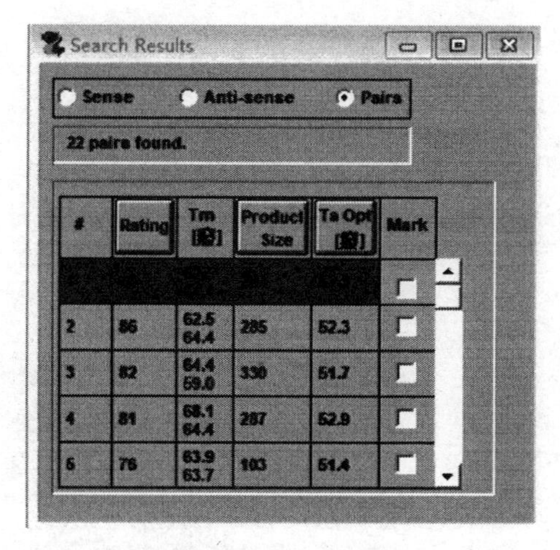

图 7－53　Primer Premier 5 引物设计（步骤七）

在引物设计窗口（图 7－54）中，可以点击左上角的“S”和“A”按钮，分别查看上游引物和下游引物，并可点解“Edit Premers”按钮，在弹出的“引物编辑窗口”对引物进行人工编辑。第一行不可编辑区为酶切位点指示区，第二行可编辑区，一般在第三行进行编辑，编辑好后，点击“Analyze”按钮进行分析，可分析出新引物的信息及是否存在二级结构等，编辑好后点击 OK 返回。

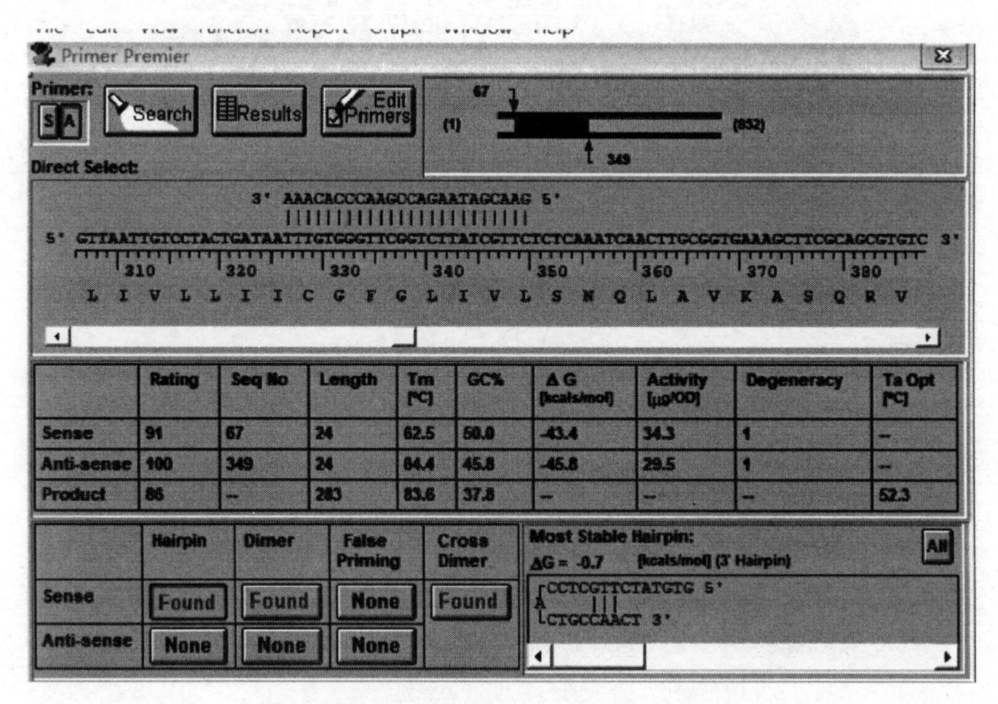

图 7－54　Primer Premier 5 引物设计（步骤八）

如图 7－55 所示，两条引物最好都不存在二级结构最好，同时 GC 含量应在 45%～55%，Tm 应该在 55～70 ℃，且 Tm 相差应在 2 ℃以内，还要注意的一点是，两条引物的 3′端不要出现连续的 3 个碱基相连的情况，比如 GGG 或 CCC，否则容易引起错配，但有时很难找到各个条件都满足的引物，所以要求可以适当放宽，比如，引物存在错配的话，可以就具体情况考察该错配的效率如何，是否会影响产物。

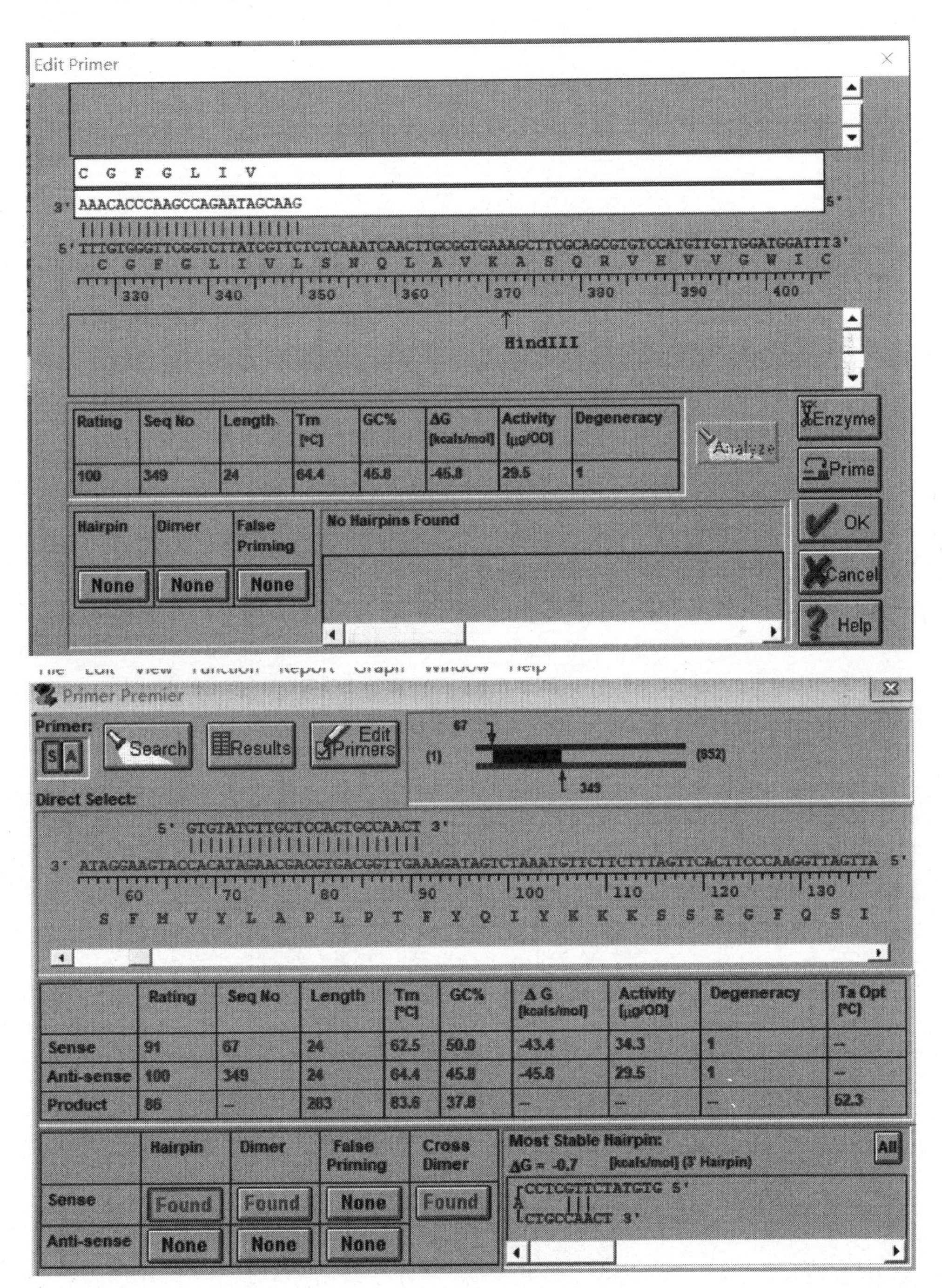

图 7－55　Primer Premier 5 引物设计（步骤九）

引物设计的常用标准：引物常速通常为 20～30 个碱基，引物避免有发卡结构，引物避免有彼此的互补配对，两个引物之间避免有彼此之间的互补配对，两个引物之间避免有类似序列。$Tm=(A+T)\times 2+(G+C)\times 4$，退火温度为 Tm－7GC 含量约为 40%～60%，5′和 3′引物退火温度最好相等。最好不要出现四个相同的碱基相连；引物的最后一个避免为 T。引物与核酸序列数据库的其他序列无明显类似引物，5′端能加上合适的酶切位点，引物组成均匀，避免含有相同碱基的二聚体，两个引物的 GC 含量近似。

第四节　从 NCBI 查找感兴趣的基因

进入网站 NCBI 主页（图 7－56）。

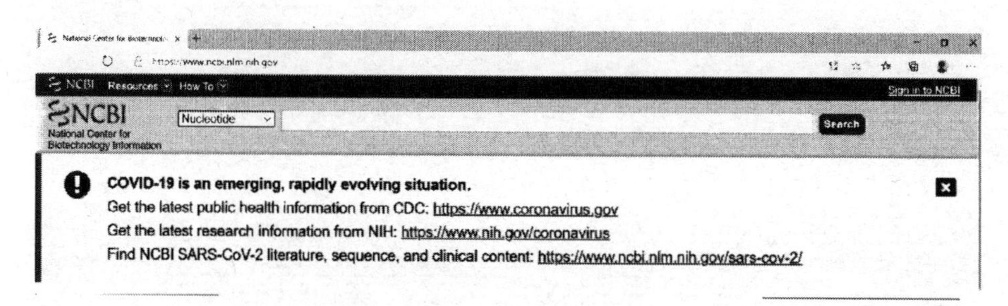

图 7－56　NCBI 核酸序列查找界面

进入网站 NCBI 后，选择 Nucleotide 选项。以蔗糖合成酶（Sucrose synthase）为例，输入 Sucrose synthase 的简写 susy，即会出现很多相关的 susy 序列界面（图 7－57）。

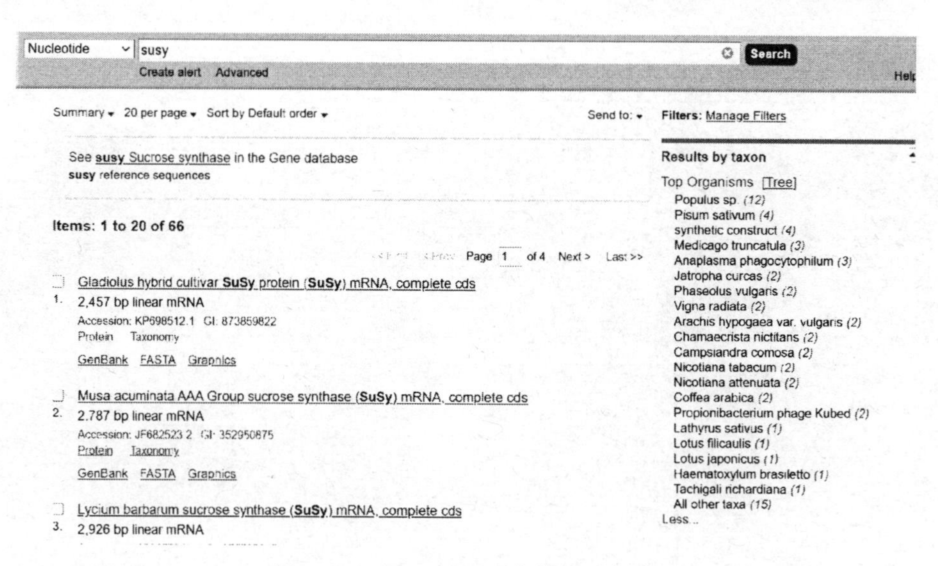

图 7－57　NCBI 基因查找结果示意图

选择感兴趣的 susy 序列，然后点击 send to，一般选择 Coding Sequences（编码序列），选择 Format 格式，点击 Create File，跳出所需的文件（图 7－58）。

选择感兴趣的 susy 序列（JF682523.2），会出现如下详细信息（图 7－59、图 7－60）。

```
Summary ▾  20 per page ▾  Sort by Default order ▾                Send to: ▾   Filters: Manage

See susy Sucrose synthase in the Gene database                   ○Complete Record
susy reference sequences                                         ◉Coding Sequences
                                                                 ○Gene Features
Items: 1 to 20 of 66
                                                                 Download features.
                                   << First  < Prev  Pag         Format
                                                                 FASTA Nucleotide ▾
□  Gladiolus hybrid cultivar SuSy protein (SuSy) mRNA, complete cds
1.  2,457 bp linear mRNA                                         Create File
    Accession: KP698512.1  GI: 873659822
```

图 7-58　NCBI 基因序列保存示意图

Musa acuminata AAA Group sucrose synthase (SuSy) mRNA, complete cds

GenBank: JF682523.2

FASTA　Graphics

Go to: ⊻

```
LOCUS       JF682523             2787 bp    mRNA    linear   PLN 17-OCT-2011
DEFINITION  Musa acuminata AAA Group sucrose synthase (SuSy) mRNA, complete
            cds.
ACCESSION   JF682523
VERSION     JF682523.2
KEYWORDS    .
SOURCE      Musa acuminata AAA Group (dessert banana)
  ORGANISM  Musa acuminata AAA Group
            Eukaryota; Viridiplantae; Streptophyta; Embryophyta; Tracheophyta,
            Spermatophyta, Magnoliopsida, Liliopsida, Zingiberales, Musaceae,
            Musa.
REFERENCE   1  (bases 1 to 2787)
  AUTHORS   Kuang,Y. and Lai,Z.
  TITLE     Cloning of sucrose synthase gene (Ma-SuSy) of Musa acuminata cv
  JOURNAL   Unpublished
REFERENCE   2  (bases 1 to 2787)
  AUTHORS   Lai,Z. and Kuang,Y.
  TITLE     Direct Submission
  JOURNAL   Submitted (13-MAR-2011) Institute of Horticultural Biotechnology,
            Fujian Agriculture and Forestry University, Jinshan, Fuzhou, Fujian
            350002, China
REFERENCE   3  (bases 1 to 2787)
  AUTHORS   Lai,Z. and Kuang,Y.
  TITLE     Direct Submission
  JOURNAL   Submitted (17-OCT-2011) Institute of Horticultural Biotechnology,
            Fujian Agriculture and Forestry University, Jinshan, Fuzhou, Fujian
            350002, China
```

图 7-59　NCBI 基因详细信息示意图（1）

```
REFERENCE   3  (bases 1 to 2787)
  AUTHORS   Lai,Z. and Kuang,Y.
  TITLE     Direct Submission
  JOURNAL   Submitted (17-OCT-2011) Institute of Horticultural Biotechnology,
            Fujian Agriculture and Forestry University, Jinshan, Fuzhou, Fujian
            350002, China
  REMARK    Nucleotide and amino acid sequences updated by submitter
COMMENT     On Oct 17, 2011 this sequence version replaced JF682523.1.
FEATURES             Location/Qualifiers
     source          1..2787
                     /organism="Musa acuminata AAA Group"
                     /mol_type="mRNA"
                     /cultivar="Tianbao"
                     /db_xref="taxon:214697"
                     /tissue_type="leaf"
                     /country="China"
     gene            1..2787
                     /gene="SuSy"
     CDS             86..2536
                     /gene="SuSy"
                     /codon_start=1
                     /product="sucrose synthase"
                     /protein_id="AEO09338.2"
                     /translation="MSQRTLTRAHSFRERIGDSLSSHPNELVALFSRFIQQGKGMLQP
                     HQLLAEYAAVFSEADKEKLKDGAFEDVIKAAQEAIVIPPRVALAIRPRPGVWEYVRVN
                     ISELAVEELTVPEYLQFKEELVDESTQNNNFILELDFEPFNASFPRPLLSKSIGNGVQ
                     FLNRHLSSKLFHDKESMYPLLNFLRKHNYKGMSMMLNDRIQSLSALQAALRKAEQHLL
                     SIASDTPYSEFNHRFQELGLEKGWGDTAQRVYENIHLLLDLLEAPDPCTLENFLGIIP
                     MMFNVVILSPHGYFAQANVLGYPDTGGQVVYILDQVRALENEMLLRIKRQGLDITPRI
                     LIVSRLLPDAVGTTCGQRLEKVLGTEHTHILRVPFRTENGIIRKWISRFEVRPYLETY
                     TEDVANELAGELQATPDLIIGNYSDGNLVSTLLAHKLGVTQCTIAHALEKTKYPNSDI
                     YWKKFENQYHFSCQFTADLVAMNHADFIITSTFQEIAGSKDTVGQYESHTAFTLPGLY
                     RVVHGIDVFDPKFNIVSPGADLSIYFPYTEKHKRLTSLHPEIEELLFNPEDNTEHKGV
                     LNDTKKPIIFSMARLDRVKNLTGLVEFYGRNERLKELVNLVVVCGDHGKESKDLEEQA
                     EFKKMYSFIEKYNLHGHIRWISAQMNRVRNGELYRYIADTKGAFVQPAFYEAFGLTVV
                     ESMTCGLPTFATVHGGPGEIIVDGVSGFHIDPYQGDKAAEIIVNFFEKCKEDPTCWDK
                     ISQGGLKRIEEKYTWKLYSERLMTLSGVYGFWKYVSNLDRRETRRYPEMFYALKYRNL
                     AESVPLAVDGEAAVNGAK"
ORIGIN
```

图 7-60　NCBI 基因详细信息示意图（2）

第五节　利用 Compute pI/Mw tool 计算序列等电点和分子量的工具

首先进入 Expasy Compute pI/Mw 网页（http://www.expasy.org/tools/pi _ tool.html，见图 81），将输入蛋白质的氨基酸序列（必须是蛋白质的氨基酸序列），点击下方 click here to compute pI/Mw，出现该蛋白质的等电点为 5.63（此 PI 值为根据一级序列得来的理论值，并非三级结构最终的确切值）(图 7－61、图 7－62)。

Expasy　Compute pI/Mw　Home | Contact

Compute pI/Mw tool

Compute pI/Mw is a tool which allows the computation of the theoretical pI (isoelectric point) and Mw (molecular weight) for a list of UniProt Knowledgebase (Swiss-Prot or TrEMBL) entries or for user entered sequences [reference]

Documentation is available

Compute pI/Mw for Swiss-Prot/TrEMBL entries or a user-entered sequence

Please enter one or more UniProtKB/Swiss-Prot protein identifiers (ID) (e.g. *ALBU_HUMAN*) or UniProt Knowledgebase accession numbers (AC) (e.g. *P04406*), separated by spaces, tabs or newlines. Alternatively, enter a protein sequence in single letter code. The theoretical *pI* and *Mw* (molecular weight) will then be computed

Or upload a file from your computer, containing one Swiss-Prot/TrEMBL ID/AC or one sequence per line: 选择文件 未选择任何文件

Resolution: ● Average or ○ Monoisotopic

Click here to compute pI/Mw | Reset

图 7－61　ExPASy Compute pI/Mw 网页界面

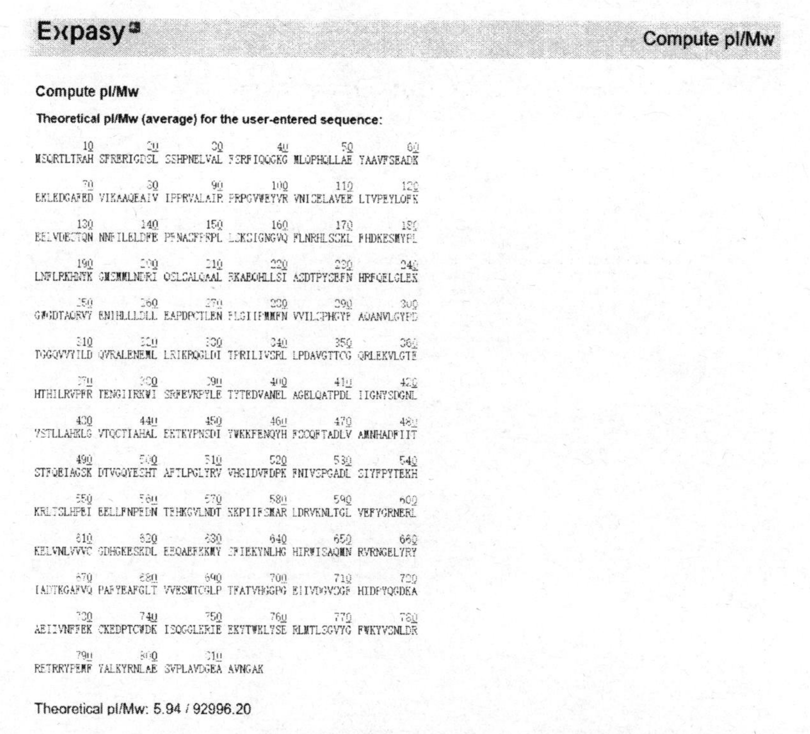

图 7－62　ExPASy Compute pI/Mw 结果示意图

点击 Reset 可以清空序列，输入第二个待测序列进行预测。

第六节 利用 TMHMM 网站预测蛋白质跨膜结构

蛋白质结构决定蛋白质功能，利用生物学在线软件工具 TMHMM Server，v. 2.0（http://www.cbs.dtu.dk/services/TMHMM）版本是蛋白质跨膜螺旋结构的在线分析工具。

选择文件或将蛋白序列的 faste 格式复制粘贴到序列框中，Output format 保持默认→Submit 提交（图 7－63）。

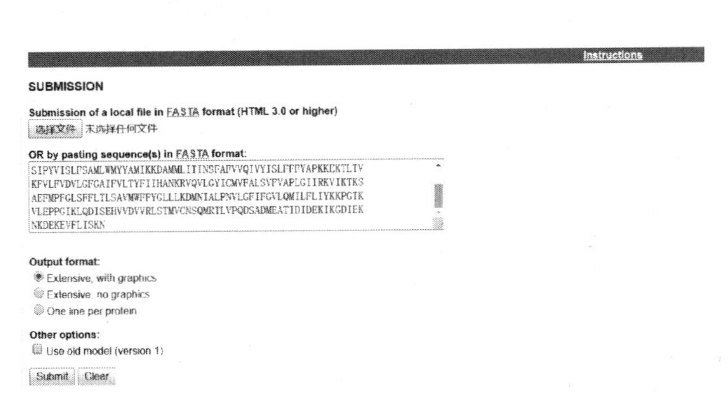

图 7－63 TMHMM Server，v. 2.0 网页示意图

运行完毕后，出现如下图所示的结果（图 7－64、图 7－65）。

TMHMM result

HELP with output formats

```
# JF682523.2:86-2536 Length: 289
# JF682523.2:86-2536 Number of predicted TMHs:  7
# JF682523.2:86-2536 Exp number of AAs in TMHs: 154.48128
# JF682523.2:86-2536 Exp number, first 60 AAs:  39.21483
# JF682523.2:86-2536 Total prob of N-in:        0.13002
# JF682523.2:86-2536 POSSIBLE N-term signal sequence
JF682523.2:86-2536      TMHMM2.0        outside      1     9
JF682523.2:86-2536      TMHMM2.0        TMhelix     10    32
JF682523.2:86-2536      TMHMM2.0        inside      33    44
JF682523.2:86-2536      TMHMM2.0        TMhelix     45    64
JF682523.2:86-2536      TMHMM2.0        outside     65    68
JF682523.2:86-2536      TMHMM2.0        TMhelix     69    91
JF682523.2:86-2536      TMHMM2.0        inside      92   103
JF682523.2:86-2536      TMHMM2.0        TMhelix    104   126
JF682523.2:86-2536      TMHMM2.0        outside    127   129
JF682523.2:86-2536      TMHMM2.0        TMhelix    130   152
JF682523.2:86-2536      TMHMM2.0        inside     153   163
JF682523.2:86-2536      TMHMM2.0        TMhelix    164   186
JF682523.2:86-2536      TMHMM2.0        outside    187   189
JF682523.2:86-2536      TMHMM2.0        TMhelix    190   212
JF682523.2:86-2536      TMHMM2.0        inside     213   289
```

图 7－64 蛋白质跨膜结构统计数据展示图

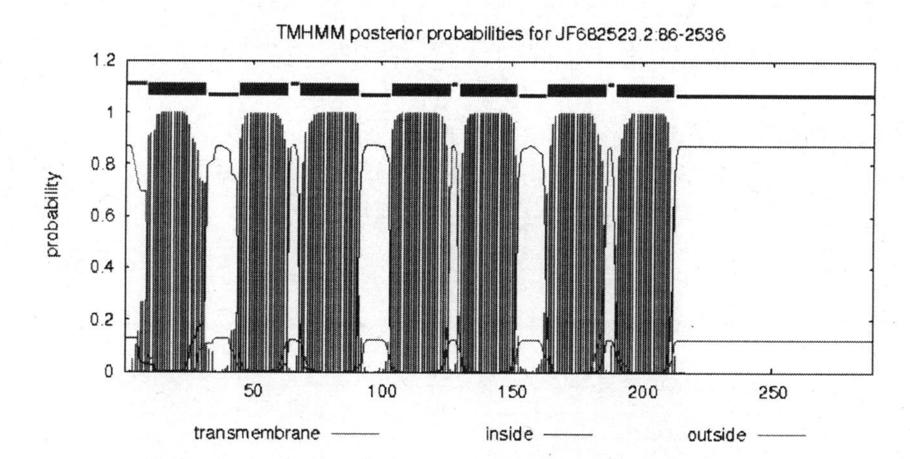

plot in postscript, script for making the plot in gnuplot, data for plot

图 7-65　蛋白质跨膜结构展示图

结果参数说明如下：Length：蛋白质序列的长度；Number of predicted TMHs：预测出的跨膜螺旋数量；Exp number of AAs in TMHs：跨膜螺旋氨基酸残基数量的期望值（超过 18 个，可能含跨膜螺旋或者含有信号肽）；Exp number，first 60 AAs：蛋白质前 60 个氨基酸中跨膜螺旋的氨基酸量的期望值，如果这个数字超出几个，N 端预测的跨膜螺旋可能是信号肽；Total prob of N-in：N-term 位于膜细胞质侧的总概率；POSSIBLE N-term signal sequence：当“Exp number，first 60 AAs”大于 10 时产生的警告。横坐标轴表示提交蛋白序列对应的氨基酸残基序号；纵坐标轴的数值为横轴上每个氨基酸位于膜内测（inside)、膜外侧（outside）和跨膜螺旋区（TMhelix）的概率值。**注：图中的红色矩形为跨膜螺旋结构；蓝色线段是位于膜内的结构，而红色线段是位于膜外的结构。**

第七节　MEGA5-系统发育树构建

系统发育树构建的操作步骤：

1. 序列文本　在构建系统发育树之前，先将每个样品的序列都分别保存为 txt 文本文件中（图 7-66），序列只包含序列字母（ATCG 或氨基酸简写字母）。文件名名称可以随意编辑。

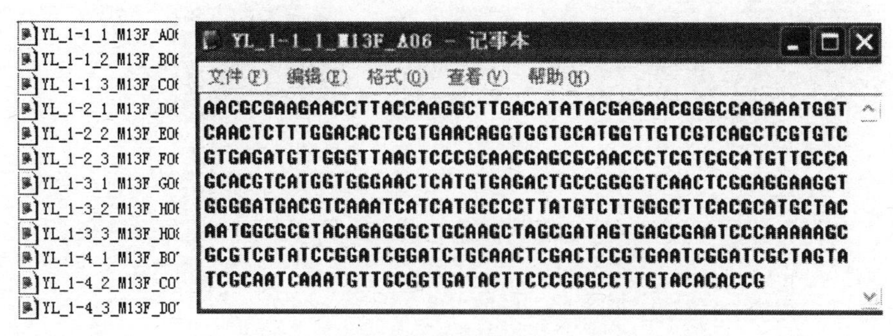

图 7-66　MEGA5-构建系统发育树（步骤一）

2. 序列导入 MEGA　首先打开 MEGA5 软件，界面如图 7 - 67。

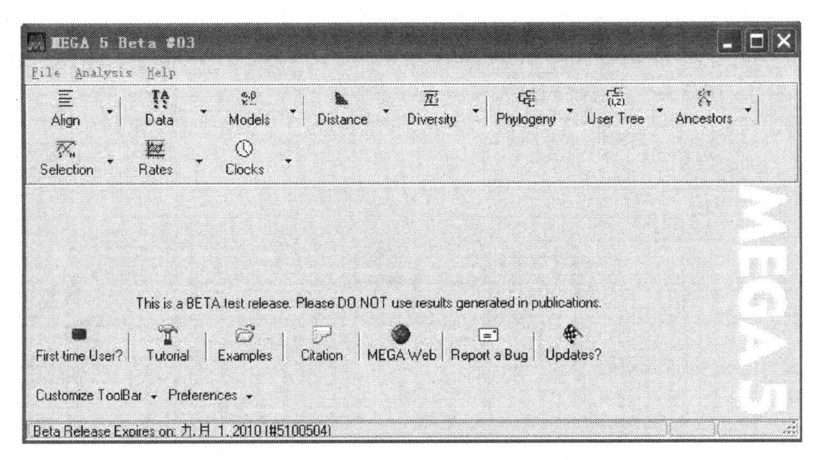

图 7 - 67　MEGA5 -构建系统发育树（步骤二）

然后，导入需要构建系统进化树的序列（图 7 - 68），点击 OK（图 7 - 69）。

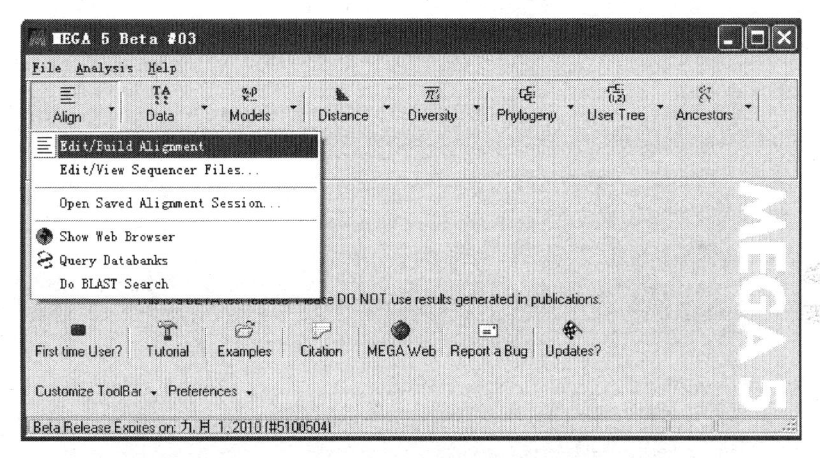

图 7 - 68　MEGA5 -构建系统发育树（步骤三）

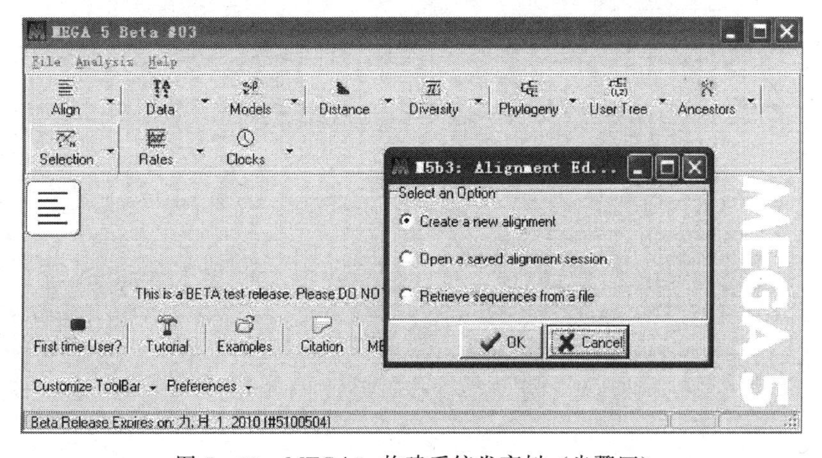

图 7 - 69　MEGA5 -构建系统发育树（步骤四）

如果是DNA序列，点击DNA，如果是蛋白序列，点击Protein（图7－70）。

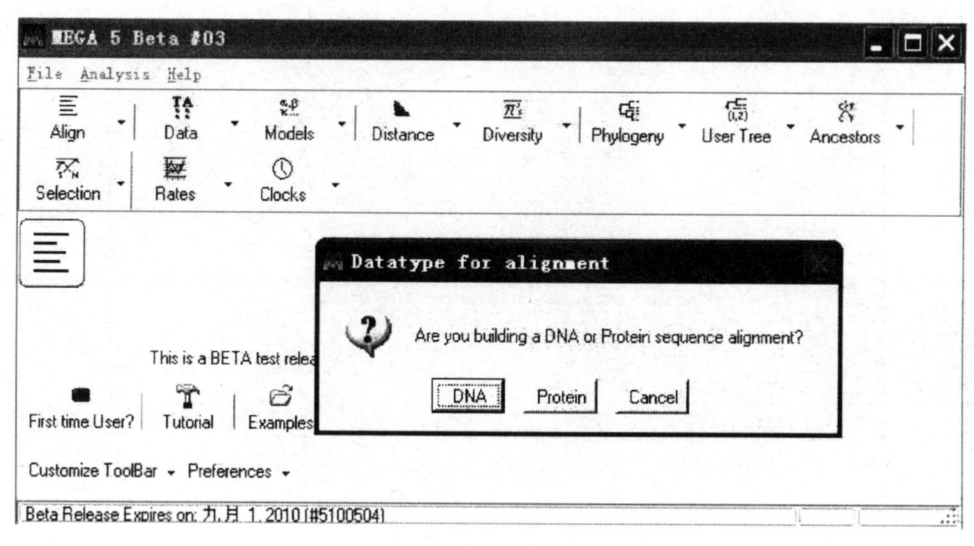

图7－70　MEGA5－构建系统发育树（步骤五）

出现新的对话框（图7－71），创建新的数据文件。

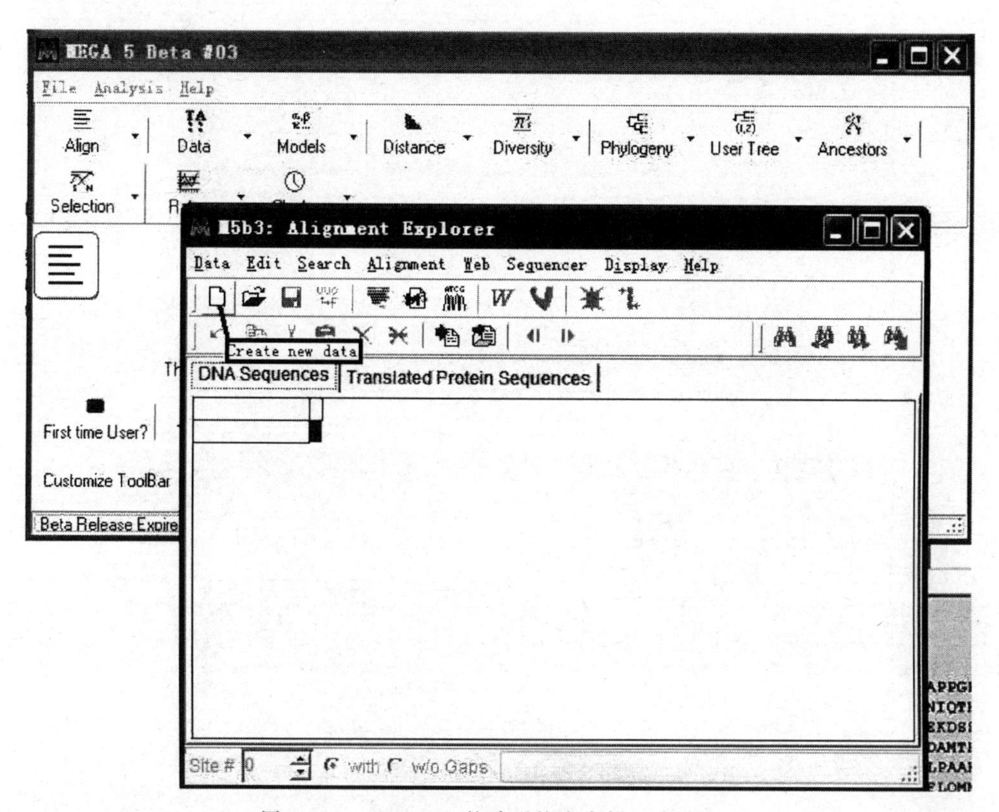

图7－71　MEGA5－构建系统发育树（步骤六）

如果是DNA序列，点击DNA，如果是蛋白序列，点击Protein（图7－72）。

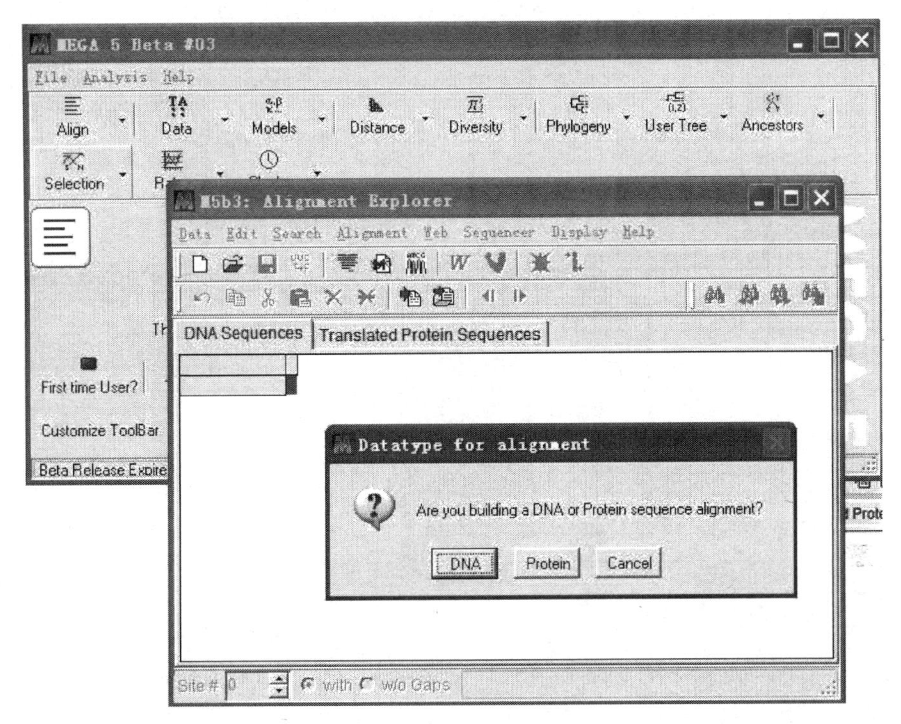

图 7－72　MEGA5 -构建系统发育树（步骤七）

即得到新的数据文件（图 7－73，图 7－74）。

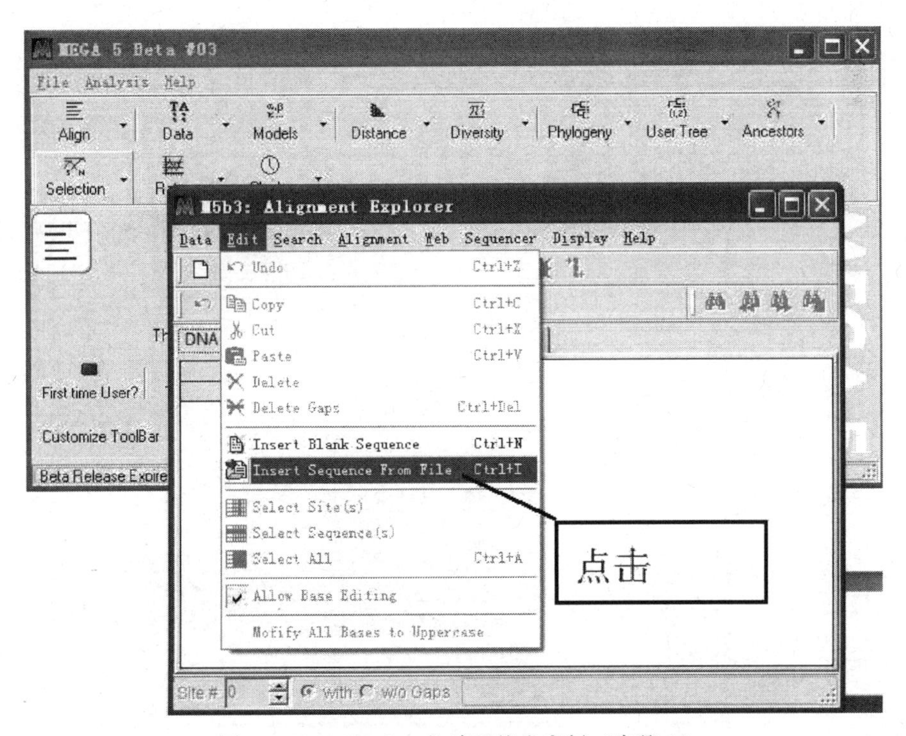

图 7－73　MEGA5 -构建系统发育树（步骤八）

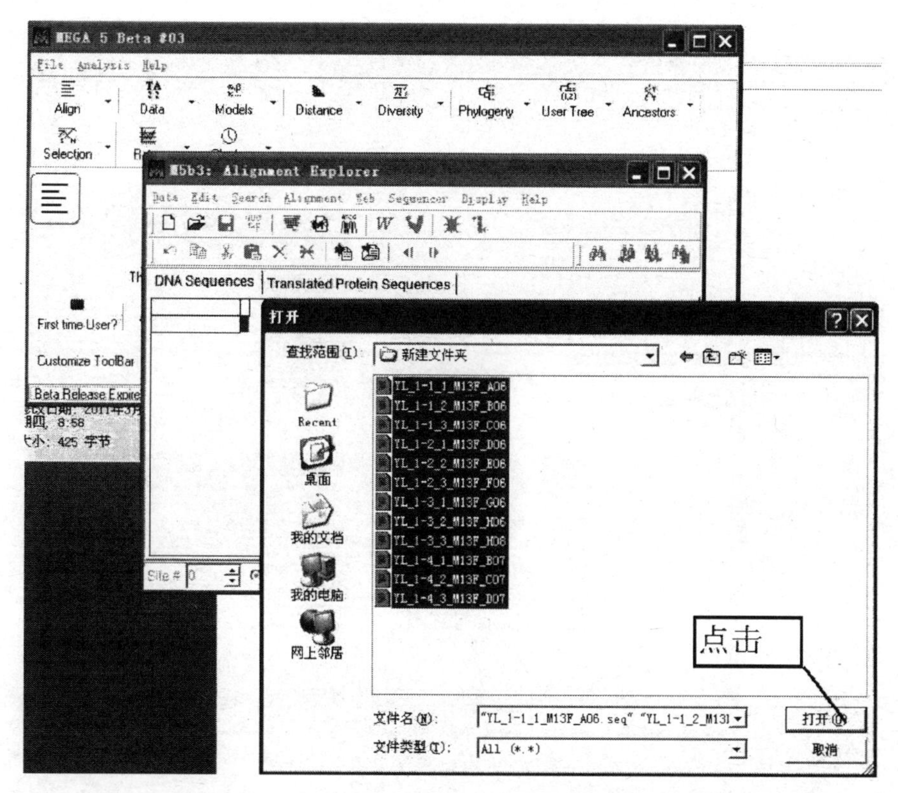

图 7-74　MEGA5-构建系统发育树（步骤九）

导入成功（图 7-75）。

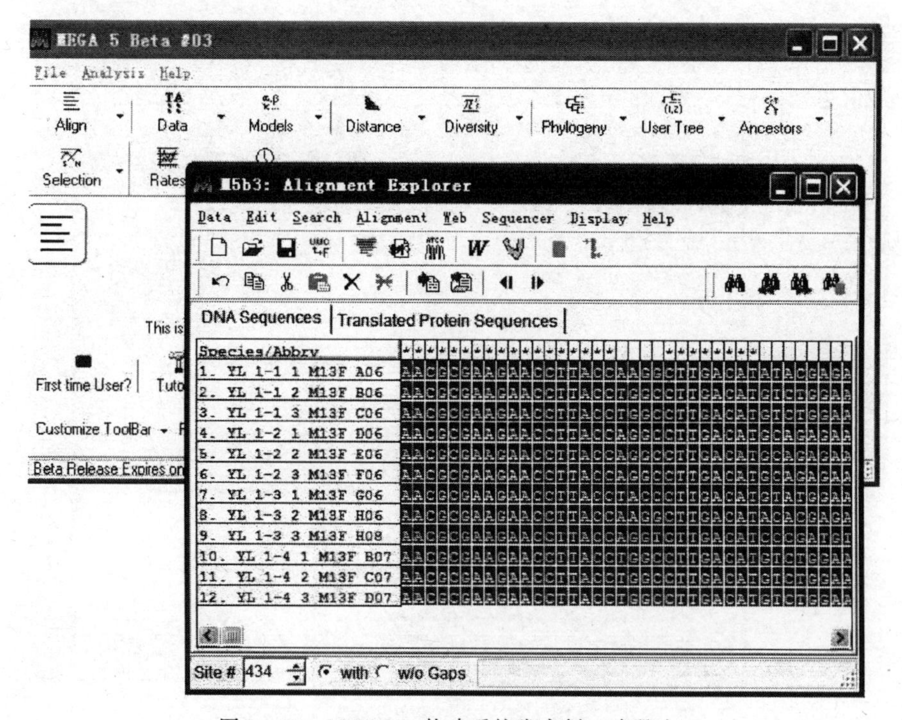

图 7-75　MEGA5-构建系统发育树（步骤十）

3. 序列比对分析　点击 W，开始比对（图 7－76）。比对完成后删除序列两端不能完全对齐的碱基（图 7－77）。

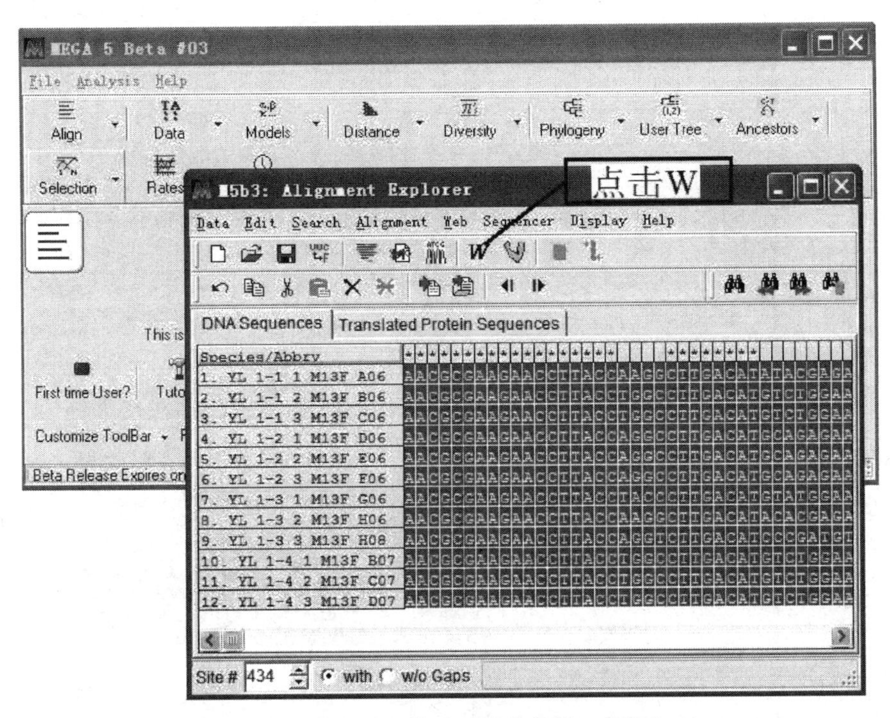

图 7－76　MEGA5－构建系统发育树（步骤十一）

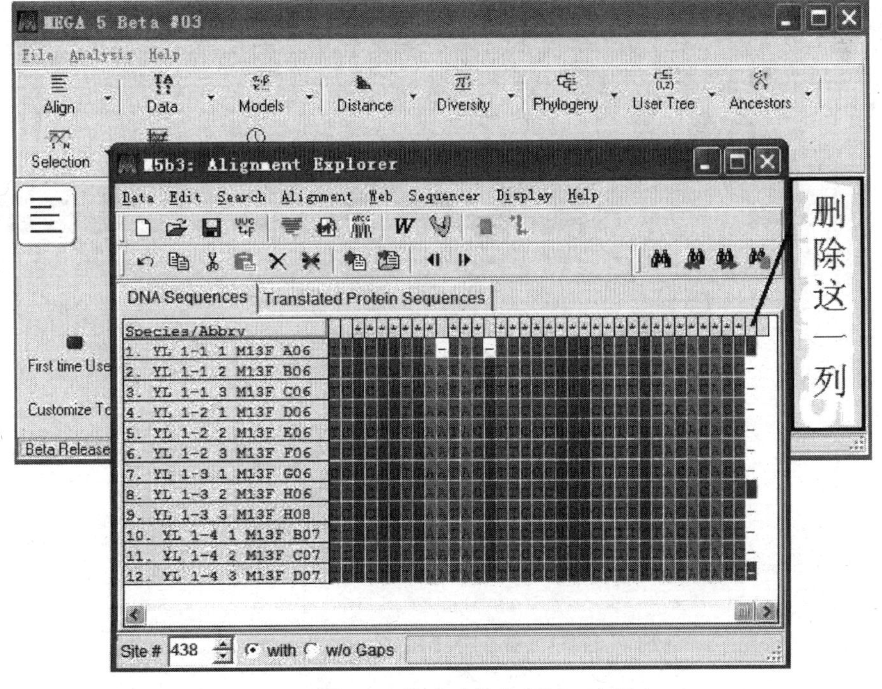

图 7－77　MEGA5－构建系统发育树（步骤十二）

系统分析然后，关闭该窗口，在弹出的对话框中选择保存文件（图 7-78），文件名随便去命名，比如保存为 1（图 7-79）。

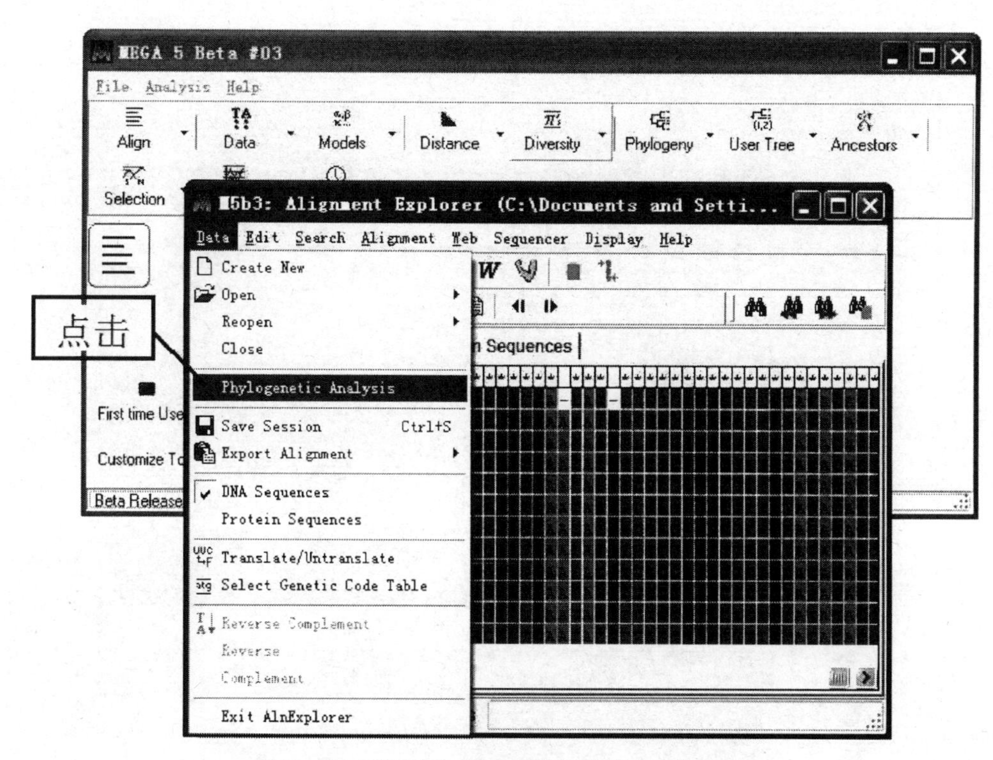

图 7-78 MEGA5-构建系统发育树（步骤十三）

图 7-79 MEGA5-构建系统发育树（步骤十四）

4. 系统发育树构建　进入系统发育树构建页面（图 7－80）。

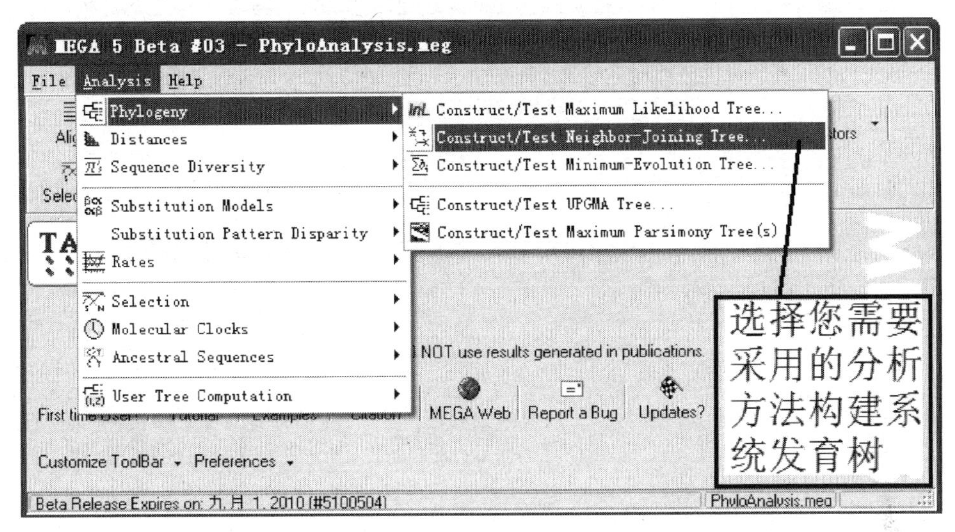

图 7－80　MEGA5－构建系统发育树（步骤十五）

以下（图 7－81）是以 NJ 为例说明。

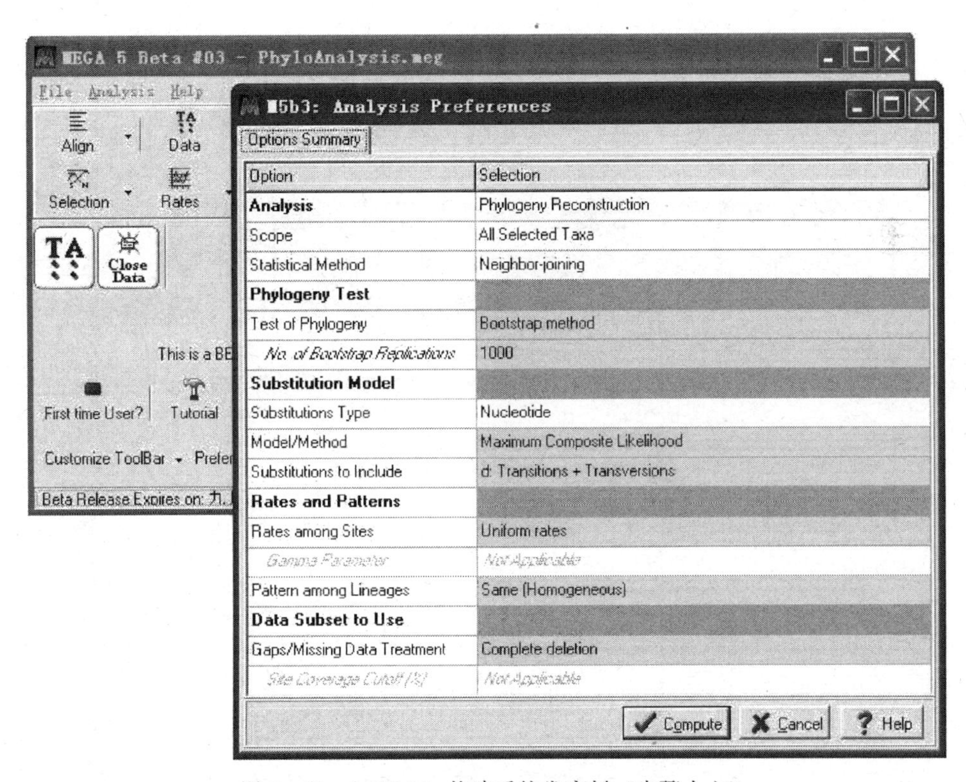

图 7－81　MEGA5－构建系统发育树（步骤十六）

Bootstrap 选择 1 000，点 Computer，开始计算（图 7－82）。计算完毕后，生成系统发育树（图 7－82）。

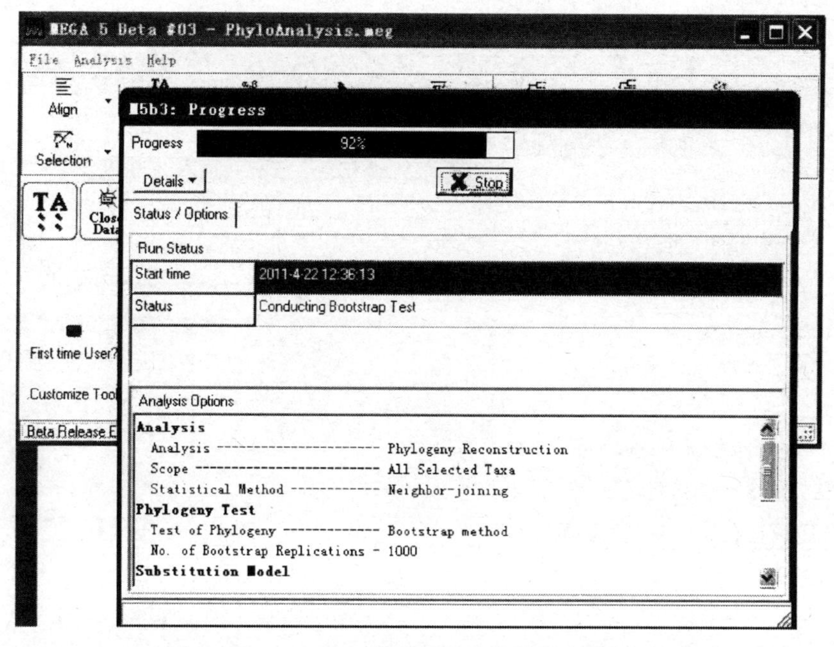

图 7-82 MEGA5-构建系统发育树（步骤十七）

5. 树的修饰 建好树之后，往往需要对树做一些美化。这个工作完全可以在 word 中完成（图 7-83），达到发表文章的要求。点击 image，copy to clipboard。新建一个 word 文档，选择粘贴。

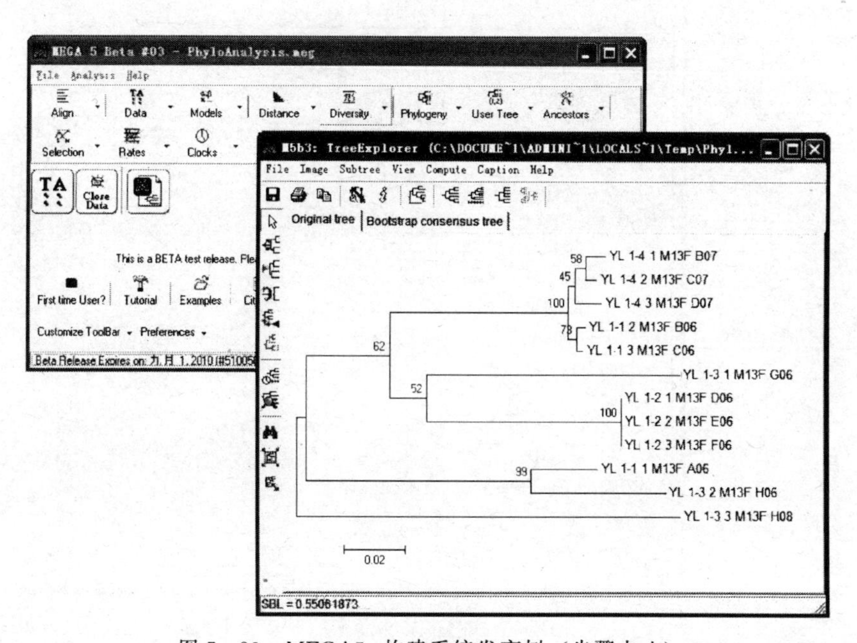

图 7-83 MEGA5-构建系统发育树（步骤十八）

在图上点击右键-编辑图片，就可以对文字的字体大小，倾斜等做出修饰。见下图（图 7-84）：

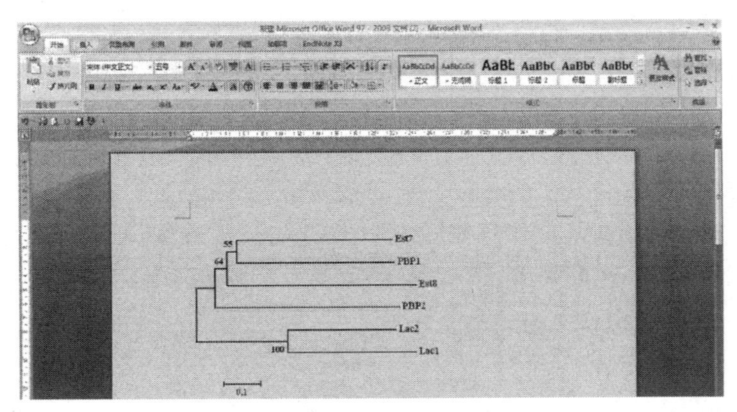

图 7-84　MEGA5-构建系统发育树（步骤十九）

这个时候可以通过 Adobe professional 对其进行图像导出（图 7-85）：先将此 word 文档打印成 PDF（图 7-85）。

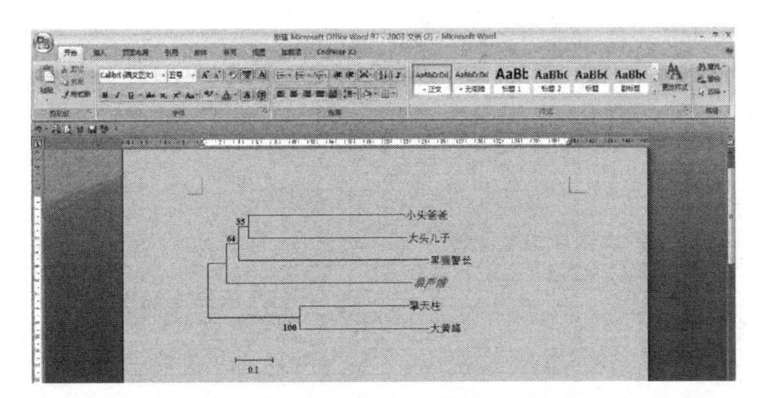

图 7-85　MEGA5-构建系统发育树（步骤二十）

将打印出来的 PDF 保存在桌面上，打开，如图 7-86。

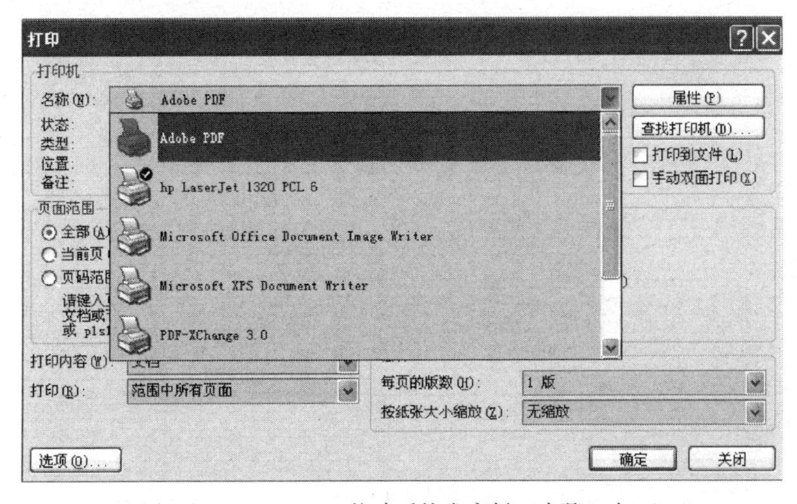

图 7-86　MEGA5-构建系统发育树（步骤二十一）

此时，点击工具，高级编辑工具，裁剪工具，如图 7－87 所示：

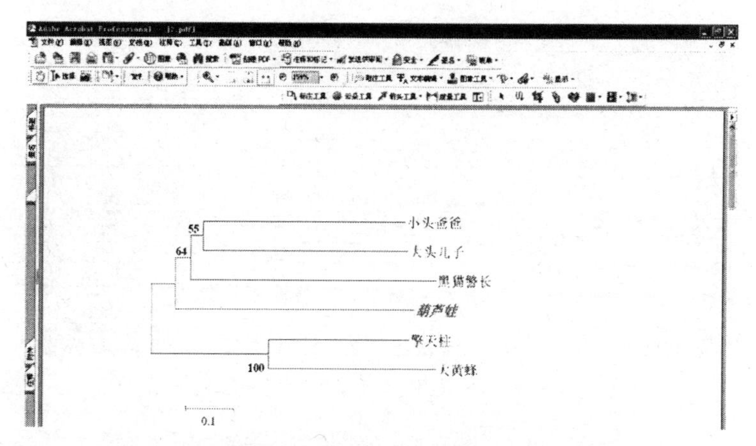

图 7－87　MEGA5－构建系统发育树（步骤二十二）

选择需要的区域以删除周围的空白区，双击发育树，会出现下图（图 7－88）：

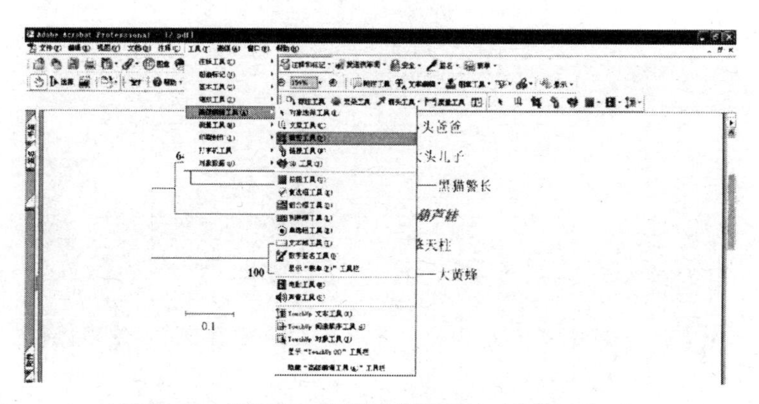

图 7－88　MEGA5－构建系统发育树（步骤二十三）

点击确定，出现下图（把空边切掉了，见图 7－89）：

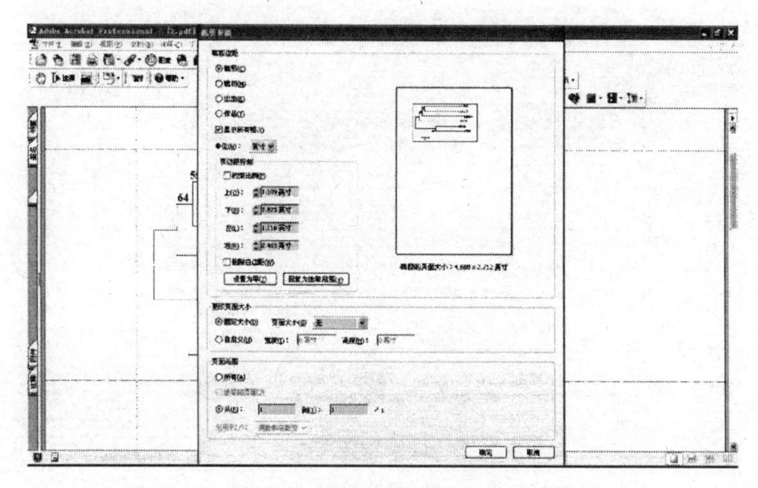

图 7－89　MEGA5－构建系统发育树（步骤二十四）

点击文件，另存为，在保存类型一栏中选择 TIFF 格式，点击确定后会生成下面这个图片（图 7－90），所生成图片绝对可以满足需要。

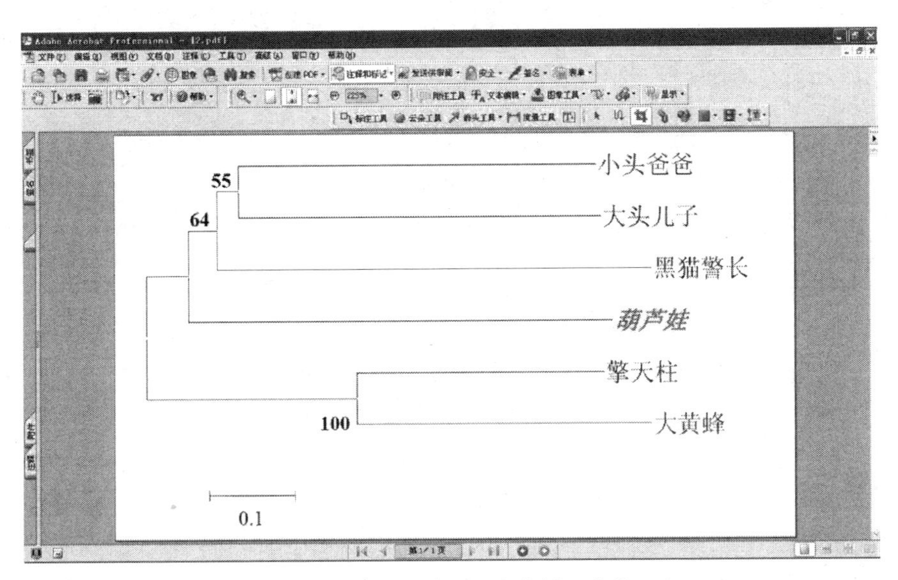

图 7－90　MEGA5－构建系统发育树（步骤二十五）

主要参考文献

北京百迈客生物科技有限公司：http://www.biomarker.com.cn.

蔡青，范源洪，夏红明，等，2000. 甘蔗细茎野生种（S. spontaneum）F_1代花粉低温贮存研究［J］. 甘蔗，7（3）：1－7.

常海龙，张垂明，张伟，等，2017. 甘蔗花粉活力和柱头可授性日变化研究［J］. 广东农业科学，44（4）：14－18.

常海龙，张伟，陈俊吕，等，2019. 甘蔗花粉的离体萌发［J］. 热带作物学报，40（10）：2068－2075.

陈炯，杨建平，程晔，等，2001. 浙江甘蔗花叶病病原初步鉴定［J］. 植物病理学报，31（3）：271－273.

陈俊吕，常海龙，王勤南，等，2017. 9月份甘蔗核心种质的初花期花粉活力［J］. 安徽农业科学，45（35）：45－47.

陈明辉，张保青，宋修鹏，等，2013. 宿根矮化病菌诱导甘蔗差异表达基因的cDNA－SCoT分析［J］. 作物学报，9（6）：1119－1126.

陈明辉，谢晓娜，王盛，等，2014. 宿根矮化病菌对甘蔗品质及茎、叶超微结构的影响［J］. 植物病理学报（4）：379－386.

陈平华，陈如凯，许莉萍，等，2011. 甘蔗单花粉全基因组扩增（WGA）与SCoT分子标记研究［J］. 热带作物学报，32（11）：2069－2075.

陈如凯，2003. 现代甘蔗育种的理论与实践［M］. 北京：中国农业出版社.

陈香玲，李杨瑞，杨丽涛，等，2010. 低温胁迫下甘蔗抗寒相关基因的cDNA－SCOT差异显示［J］. 生物技术通报，21（8）：120－124.

程琴，庞新华，吕平，等，2018. 两个桂热甘蔗品种（系）的简单重复序列间扩增（ISSR）分子鉴别［J］. 科学技术与工程，18（8）：191－195.

崔凯，吴伟伟，刁其玉，2019. 转录组测序技术的研究和应用进展［J］. 生物技术通报，35（07）：1－9.

戴艺民，卢川北，林一心，1993. 甘蔗近缘属（斑茅）花粉超低温贮藏试验初报［J］. 福建甘蔗（1）：11－12.

杜春芳，刘惠民，李润植，等，2003. 单核苷酸多态性在作物遗传及改良中的应用［J］. 遗传，25（6）：735－739.

范源洪，蔡青，程天聪，等，1994. 甘蔗野生资源花粉低温贮存技术研究［J］. 甘蔗糖业（5）：10－17.

冯翠莲，沈林波，赵婷婷，等，2011. Cry1Ab基因转化甘蔗及转基因抗虫植株的获得. 热带农业科学，31（9）：21－26.

付瑜华，周玉飞，张正学，等，2015. 贵州蔗区甘蔗黄叶病发生情况的分子鉴定［J］. 贵州农业科学（4）：85－87.

甘海鹏，何红，梁远标，1993. 甘蔗及其近缘属植物花粉水分及干燥研究［J］. 甘蔗糖业（4）：8－13.

高三基，陈平华，洪健，等，2010. 感染甘蔗黄叶病毒后甘蔗叶组织超微结构的病变［J］. 福建农林大学学报：自然科学版，39（1）：6－9.

关鹤，赵泓，云兴福，等，2006. 基因组原位杂交技术在植物研究中的应用［J］. 分子植物育种，4，3（S）：99－105.

广州基迪奥生物科技有限公司：https://www.genedenovo.com.

郝岗平，杨清，吴忠义，等，2004. 植物的单核苷酸多态性及其在作物遗传育种中的应用［J］. 植物学通报，21（5）：618－624.

何红，甘海鹏，1990. 甘蔗花粉贮藏技术及其应用［J］. 广西农业科学（3）：16－17.

何炎森，李瑞美，2006. 甘蔗花叶病研究现状［J］. 中国糖料，（1）：47－49.

贺淹才，2008. 基因工程概论［M］. 北京：清华大学出版社.

洪月云，卢川北，戴艺民，1997. 难开花甘蔗亲本的开花心性及斑茅花粉贮存技术初报［J］. 甘蔗，4（2）：5－9.

胡杨，李赟，黄有总，等，2016. 利用SSR与RAPD分子标记评估甘蔗品种的遗传多样性［J］. 基因组学与应用生物学，35（9）：2494－2503.

黄东亮，覃肖良，廖青，等，2010. 高质量甘蔗基因组DNA的简便快速提取方法研究［J］. 生物技术通报（5）：101－106.

黄鸿能，1993. 浅淡甘蔗病害在广东蔗区的为害及其主要防治对策［J］. 甘蔗糖业（3）：13－16.

黄玉新，罗霆，林秀琴，等，2017. 斑茅割手密复合体（GXAS07－6－1）及其与甘蔗F1的GISH分析［J］. 植物遗传资源学报，18（3）：461－466.

蒋军喜，谢艳，阙海勇，2009. 江西甘蔗花叶病病原的分子鉴定［J］. 植物病理学报，39（2）：203－206.

李柏青，田志刚，刘杰，等，1992. 一种切口平移法制备生物素标记核酸探针的简便方法［J］. 生物化学与生物物理进展，19（6）：475－477.

李富生，林位夫，何顺长，2005. 不同无性系蔗茅抽穗开花特性的观察和花粉贮藏条件的研究［J］. 植物生理学通讯，41（2）：171－174.

李利君，周仲驹，谢联辉，2000. 利用斑点杂交法和RT－PCR技术检测甘蔗花叶病毒［J］. 福农林大学学报（自然科学版），29（3）：342－345.

李鸣，梁朝旭，方位宽，等，2006. AFLP分子标记技术在甘蔗遗传育种上的应用［J］. 中国糖料（1）：43－46.

李鸣，谭裕模，李杨瑞，等，2004. 甘蔗（Saccharum officinarum L.）品种遗传差异的AFLP分子标记分析［J］. 作物学报，30（10）：1008－1013.

李文凤，黄应昆，2012. 现代甘蔗病害诊断检测与防控技术［M］. 北京：中国农业出版社.

李文凤，丁铭，方琦，等，2006. 云南甘蔗花叶病病原的初步鉴定［J］. 中国糖料（2）：4－7.

李文凤，董家红，丁铭，等，2007. 云南甘蔗花叶病病原检测及一个分离物的分子鉴定［J］. 植物病理学报，37（3）：242－247.

李文凤，罗志明，黄应昆，等，2012. 云南双江蔗区甘蔗宿根矮化病的调查及病原检测［J］. 西南农业学报（4）：1309－1312.

李文凤，王晓燕，黄应昆，等，2011. 云南耿马蔗区甘蔗宿根矮化病的调查及病原检测［J］. 甘蔗糖业（6）：22－26.

李文凤，单红丽，张荣跃，等，2018. 广西蔗区检测发现检疫性病害甘蔗白条病［J］. 中国农学通报，34（13）：144－149.

李杨瑞，2010. 现代甘蔗学［M］. 北京：中国农业出版社.

廖诗童，贤武，周会，等，2012. 不同耐寒甘蔗品种的SSR标记分析［J］. 热带作物学报，33（12）：2130－2137.

廖诗童，贤武，周会，等，2012. 不同耐寒甘蔗品种的SRAP标记分析［J］. 西南农业学报，25（4）：1171－1176.

林秀琴，陆鑫，刘新龙，等，2016. 甘蔗-滇蔗茅杂交 F_1 花粉母细胞减数分裂过程GISH分析［J］. 植物遗传资源学报，17（3）：497－502.

刘玲，王玖瑞，刘孟军，等，2006. 枣不同品种花粉量和花粉萌发率的研究［J］. 植物遗传资源学报，7（3）：338－341.

刘金仙，阙友雄，郭晋隆，等，2013. 甘蔗茎全长cDNA文库构建及EST序列分析［J］. 热带作物学报，

34 (3): 480 - 485.

刘静，李亚超，周梦岩，等，2021. 植物蛋白质翻译后修饰组学研究进展 [J]. 生物技术通报，37 (1): 67 - 76.

刘新龙，蔡青，毕艳，等，2009. 中国滇蔗茅种质资源遗传多样性的 AFLP 分析 [J]. 作物学报，35 (2): 262 - 269.

刘新龙，毛钧，陆鑫，等，Aitken K S，Jackson P A，蔡青，范源洪，2010. 甘蔗 SSR 和 AFLP 分子遗传连锁图谱构建 [J]. 作物学报，36 (1): 177 - 183.

刘玉玲，刘林杰，彭仁海，2018. 荧光原位杂交技术的发展及其在植物基因组研究中的应用 [J]. 分子植物育种，16 (17): 696 - 5703.

龙永惠，徐鹤龙，1993. 甘蔗花粉低温贮藏研究 [J]. 甘蔗糖业 (4): 14 - 16.

彭丹丹，张源明，舒灿伟，等，2017. 植物病原真菌分子检测技术的研究进展 [J]. 基因组学与应用生物学，36 (5): 2015 - 2022.

秦翠鲜，陈忠良，桂意云，等，2013. 农杆菌介导甘蔗愈伤组织遗传转化体系的优化 [J]. 中国生物工程杂志，33 (9): 66 - 72.

阙友雄，邹添堂，许莉萍，2004. 甘蔗黑穗病菌培养基的筛选及基因组 DNA 分离技术 [J]. 江西农业大学学报，26 (3): 353 - 355.

阙友雄，江克清，许莉萍，等，2009. 重组甘蔗花叶病毒 E 株系外壳蛋白的纯化及其多克隆抗体制备 [J]. 生物技术通讯，20 (1): 69 - 71，102.

饶玉春，薛大伟，2019. 植物分子生物学技术及其应用 [M]. 北京：中国农业出版社.

上海拜谱生物科技有限公司：http://www.bioprofile.cn.

佘朝文，宋运淳，2006. 植物荧光原位杂交技术的发展及其在植物基因组分析中的应用 [J]. 武汉植物学研究，24 (4): 365～376.

沈林波，吴楠楠，冯小艳，等，2019. 我国蔗区甘蔗宿根矮化病发生情况的分子检测 [J]. 热带生物学报 (4): 314 - 318.

沈万宽，周国辉，邓海华，2007. 甘蔗宿根矮化病研究综述 [J]. 中国糖料 (1): 50 - 53.

沈万宽，2013. 甘蔗黑穗病及其病原菌研究进展 [J]. 热带作物学报，34 (10): 2063 - 2068.

沈万宽，周国辉，邓海华，等，2006. 甘蔗宿根矮化病菌 PCR 检测及目的片段核苷酸序列分析 [J]. 中国农学通报，22 (12): 413 - 413.

宋焕忠，张荣华，杨海霞，等，2014. 广西斑茅遗传多样性的 SCoT 标记分析 [J]. 西南农业学报，27 (1): 59 - 64.

檀小辉，张继，梁芳，等，2016. 基于 EST 序列的甘蔗 SNP 发掘及分析 [J]. 江苏农业科学，44 (7): 64 - 67.

汤博艺，2020. CircRNA 进展 [J]. 生物化工，6 (6): 167 - 169.

田菁，王宇哲，闫世雄，等，2020. 代谢组学技术发展及其在农业动植物研究中的应用 [J]. 遗传，42 (5): 452 - 465.

汪洲涛，游倩，高世武，等，2018. 甘蔗品种的 AFLP 和 SSR 标记鉴定及其应用 [J]. 作物学报，44 (5): 723 - 736.

王燕，陈清，陈涛，等，2017. 基因组原位杂交技术及其在园艺植物基因组研究中的应用 [J]. 西北植物学报，37 (10): 2087 - 2096.

王关林，方宏筠，2002. 植物基因工程（第二版）[M]. 北京：科学出版社.

王卫兵，洪健，周雪平，2004. SrMV 和 SCMV 侵染玉米的细胞超微病变比较研究 [J]. 浙江大学学报：农业与生命科学版，30 (2): 215 - 220.

王中康，殷幼平，J. C. Comstock，2001. 甘蔗黄叶病毒病早期快速 RT - PCR 诊断和鉴定 [J]. 西南农业大学学报，23 (4): 301 - 303.

韦金菊，魏春燕，宋修鹏，等，2018. 广西北海蔗区甘蔗白条病发生情况调查 [J]. 南方农业学报，49

（2）：264－270.

吴转娣，刘新龙，姚丽，等，2011. 根癌农杆菌介导的甘蔗遗传转化［J］. 湖南农业大学学报（自然科学版），37（2）：150－155.

熊发前，唐荣华，陈忠良，等，2009. 目标起始密码子多态性（SCoT）：一种基于翻译起始位点的目的基因标记新技术［J］. 分子植物育种，7（3）：635－638.

许东林，李俊光，周国辉，2006. 广东甘蔗黄叶病田间调查及病原病毒的分子检测［J］. 植物病理学报，36（5）：404－406.

许莉萍，阙友雄，刘金仙，等，2009. 甘蔗叶片全长 cDNA 文库构建及 EST 序列分析［J］. 农业生物技术学报，17（5）：843－850.

闫学兵，阙友雄，许莉萍，等，2010. 甘蔗 EST 序列的 SSR 信息分析［J］. 热带作物报，31（9）：1497－1501.

杨昆，应雄美，管永江，等，2011. 不同无性系斑茅开花特性和花粉贮藏条件的研究［J］. 中国糖料（2）：1－3.

杨恬，2010. 细胞生物学［M］. 北京：人民卫生出版社.

姚春雪，王先宏，何丽，等，2011. 甘蔗与蔗茅杂交不同世代的 SSR 指纹图谱构建［J］. 分子植物育种，9（3）：381－389.

昝逢刚，应雄美，吴才文，2015. 98 份甘蔗种质资源遗传多样性的 AFLP 分析［J］. 中国农业科学，48（5）：1002－1010.

张静，刘家勇，经艳芬，等. 基因组原位杂交技术在甘蔗研究中的应用［J］. 分子植物育种，网络首发.

张闻婷，焦萌，王继华，2021. 药用植物基因组学研究进展［J］. 广东农业科学，48（12）：138－150.

张显勇，蔡文伟，杨本鹏，等，2008. 甘蔗花叶病和宿根矮化病多重 PCR 检测方法的建立［J］. 中国农业科学（12）：4321－4327.

张显勇，蔡文伟，杨本鹏，等，2008. 甘蔗花叶病和宿根矮化病多重 PCR 检测方法的建立［J］. 中国农业科学（12）：4321－4327.

张玉娟，2009. 甘蔗梢腐病病原分子检测及甘蔗组合，品种的抗病性评价［D］. 福州：福建农林大学.

周健民，2013. 土壤学大辞典［M］. 北京：科学出版社.

周耀辉，黄启尧，杨业后，1994. 甘蔗花粉低温贮存与生活力［J］. 甘蔗糖业（2）：7－10.

周耀辉，黄启尧，1994. 用培养法测定甘蔗花粉生活力［J］. 甘蔗，1（2）：10－12.

［美］F. 奥斯伯，R. 布伦特，R. E. 鑫斯顿，D. D. 穆尔，J. G. 赛德曼，J. A. 史密斯，K. 斯特拉尔，1999. 精编分子生物学实验指南［M］. 颜子颖，王海林 译，金冬雁 校. 北京：科学出版社.

［英］Clark M S，1998. 植物分子生物学——实验手册［M］. 顾红雅，瞿礼嘉，主译，陈章良，主校. 北京：高等教育出版社、施普林格出版社.

Adams M D，Kelley J M，Gocayne J D，et al.，1991. Complementary DNA sequencing：expressed sequence tags and human genome project［J］. Science，252（5013）：1651－1656.

Aitken K S，Jackson P A，McIntyre C L，2005. A combination of AFLP and SSR markers provides extensive map coverage and identification of homo（eo）logous linkage groups in a sugarcane cultivar［J］. Theor Appl Genet，110（5）：789－801.

Aitken K S，McNeill M D，Hermann S，et al.，2014. A comprehensive genetic map of sugarcane that provides enhanced map coverage and integrates high－throughput Diversity Array Technology（DArT）markers［J］. BMC Genomics，15：152.

Albert H H，1996. PCR amplification from a homolog of the bE mating－type gene as a sensitive assay for the presence of Ustilago scitaminea DNA［J］. Plant Disease，80（10）：1189－1192，https://doi.org/10.1094/PD－80－1189.

Alegria O M，Royer M，Bousalem M，et al.，2003. Genetic diversity in the coat protein coding region of eighty - six sugarcane mosaic virus isolates from eight countries, particularly from Cameroon and Congo. [J]. Archives of Virology, 148 (2): 357 - 372.

Berkman P J, Bundock P C, Casu R E, et al., 2014. A survey sequence comparison of saccharum genotypes reveals allelic diversity differences [J]. Tropical Plant Biol, 7: 71 - 83.

Bundock PC, Eliott FG, Ablett G, et al., 2009. Targetted single nucleotide polymorphism (SNP) discovery in a highly polyploidy plant species using454 sequencing [J]. Plant Biotech, 7 (4): 347 - 354.

Chen Z, Y Gui, M Wang, et al., 2021. Sucrose Synthase genes showed genotype - dependent expression in sugarcane leaves in the early stage of growth. Intl J Agric Biol., 25: 715 - 722.

Chen Z - L, Gui Y - Y, Qin C - X, et al., 2016. Isolation and Expression Analysis of Sucrose Synthase Gene (ScSuSy4) from Sugarcane. Sugar Tech, 18 (2): 134 - 140.

Collard B C Y, Mackill D J, 2009. Start codon targeted (SCoT) polymorphism: a simple novel DNA marker technique for generating gene - targeted markers in plants [J]. Plant Mol. Biol. Rep., 27 (1): 86 - 93.

Cordeiro G M, Eliott C F, McIntyre CL, et al., 2006. Characterisation of single nucleotide polymorphisms in sugarcane ESTs [J]. Theor Appl Genet, 113: 331 - 343.

Davis M J, Rott P, Warmuth C J, et al., 1997. Intraspecific genomic variation within Xanthomonas albilineans, the sugarcane leaf scald pathogen [J]. Phytopathology, 87 (3): 316.

Deng Z N, Wei Y W, Lü W L, et al., 2008. Fusion insect - resistant gene mediated by matrix attachment region (MAR) sequence in transgenic sugarcane [J]. Sugar Tech, 10 (1): 87 - 90.

Garsmeur O, Droc G, Antonise R, et al., 2018. A mosaic monoploid reference sequence for the highly complex genome of sugarcane [J]. Nature communidation (9): 2638 - 2647.

Gonçalves, Marcos, C. et al., 2005. Sugarcane yellow leaf virus infection leads to alterations in photosynthetic efficiency and carbohydrate accumulation in sugarcane leaves [J]. Fitopatologia Brasileira.

Hall J S, Adams B, Parsons T J, et al., 1998. Molecular Cloning, Sequencing, and Phylogenetic Relationships of a New Potyvirus: Sugarcane Streak Mosaic Virus, and a Reevaluation of the Classification of the Potyviridae [J]. Molecular Phylogenetics & Evolution, 10 (3): 323 - 332.

http://www. premierbiosoft. com/primerdesign/.

https://dnaman. softhome. com. tw/? page _ id=134&product _ id=2075&page _ code=feature - en.

https://help. snapgene. com/m/user _ guide.

https://web. expasy. org/docs/.

Kanehisa M, Araki M, Goto S, et al., 2008. KEGG for linking genomes to life and the environment. Nucleic Acids research, 36: 480 - 484.

Krogh A, Larsson B, von Heijne G, et al., 2001. Predicting transmembrane protein topology with a hidden Markov model: application to complete genomes [J]. Journal of Molecular Biology, 305 (3): 567 - 580.

Li G, Quiros C F, 2001. Sequence - related amplified polymorphism (SRAP) a new marker system based on a simple PCR reaction: its application to mapping and gene tagging in Brassica [J]. Theor ApplGenet, 103: 455 - 461.

Lima M L, Garcia A A, Oliveira K M, et al., 2002. Analysis of genetic similarity detected by AFLP and coefficient of parentage among genotypes of sugar (Saccharum spp.) [J]. Theor Appl Genet, 104: 30 - 38.

Liu P W, Chandra A, Que Y X, et al., 2015. Identification of quantitative trait loci controlling sucrose content based on an enriched genetic linkage map of sugarcane (*Saccharum* spp. *hybrids*) cultivar 'lcp85 - 384' [J]. Euphytica, 207 (3): 1 - 23.

Liu P, Que Y, Pan Y B., 2011. Highly polymorphic microsatellite DNA markers for sugarcane germplasm evaluation and variety identity testing [J]. Sugar Tech., 13 (2): 129 - 136.

McIntyre C L, Goode M, Monks T, et al., 2009. The complex genetic structure of sugarcane limits identification of additional SNP - defined simplex alleles in microsatellite loci [J]. Tropical Plant Biol, 2: 133 - 142.

Moosawi - Jorf S A, Izadi M B, 2007. In vitro Detection of Yeast - Like and Mycelial Colonies of Ustilago scitaminea in Tissue - Cultured Plantlets of Sugarcane Using Polymerase Chain Reaction [J]. Journal of Applied ences, 7 (23): 3768 - 3773.

Nallathambi, P, Padmanaban, P, Mohanraj, D, 1998. Histological staining: an effective method for sugarcane smut screening [J]. Sugar Cane (2): 14 - 18.

Nallathambi P, Padmanaban P, Mohanraj D, 2001. Standardization of an indirect ELISA technique for detection of Ustilago scitaminea Syd. causal agent of sugarcane smut disease [J]. Joumal of Mycology and Plant Pathology, 31 (1): 76 - 78.

North D S, 1926. Leaf - Scald: A Bacterial Disease of Sugarcane [M]. Australia Sydney: Colonial Sugar Refining Company.

Pan YB, 2006. Highly polymorphic microsatellite DNA markers for sugarcane germplasm evaluation and variety identity atesting [J]. Sugar Tech., 8 (4): 246 - 256.

Qin C - X, Chen Z - L, Wang M, et al., 2021. Identification of proteins and metabolic networks associated with sucrose accumulation in sugarcane (Saccharum spp. interspecific hybrids). Journal of Plant Interactions, 16 (1): 166 - 178.

Ricaud C, Ryan C C, 1989. Leaf scald: Disease of Sugarcane: Major Disease [M]. New York: Elsevier Science Publishing Company Inc.

Rott P, Bailey R A, Comstock J C, et al., 2000. A guide to sugarcane diseases [M]. Montpellier: CIRAD and ISSCT.

Seifers D L, Salomon R, Marie - Jeanne V, et al., 2000. Characterization of a novel potyvirus isolated from maize in Israel. [J]. Phytopathology, 90 (5): 505.

Shen W, 2012. Development of a sensitive nested - polymerase chain reaction (PCR) assay for the detection of Ustilago scitaminea [J]. African Journal of Biotechnology, 11 (46).

Shukla D D, Frenkel M J, McKern N M, et al., 1992. Ford R E. Present status of the sugarcane mosaic subgroup of potyviruses. Arch Virol Suppl.; 5: 363 - 373.

Singh N, Somai B M, Pillay D, 2004. Smut disease assessment by PCR and microscopy in inoculated tissue cultured sugarcane cultivars [J]. Plant Science, 167 (5): 987 - 994.

Tamura K, Peterson D, Peterson N, et al., 2011. MEGA5: molecular evolutionary genetics analysis using maximum likelihood, evolutionary distance, and maximum parsimony methods [J]. Molecular Biology and Evolution, (10): 2731 - 2739.

Viswanathan R, Balamuralikrishnan M, Karuppaiah R, 2008 Characterization and genetic diversity of sugarcane streak mosaic virus causing mosaic in sugarcane [J]. Virus Genes, 36 (3): 553.

Vos P, Hogers R, Bleeker M, et al., 1995. AFLP: a new technique for DNA fingerprinting [J]. Nucl Acids Res, 23: 4407 - 4414.

Wu J, Li Y, Yang L, et al., 2013. cDNA - ScoT: A novel rapid method for analysis of gene differential expression in sugarcane and other plants [J]. Australian Journal of Crop Science, 7 (5): 659 - 66.

Xie Y, Wang M, Xu D, et al., 2009. Simultaneous detection and identification of four sugarcane viruses by one - step RT - PCR [J]. Journal of virological methods, 162 (1 - 2): 64 - 68.

Yadav S, Ross E M, Aitken K S, et al., 2021. A linkage disequilibrium - based approach to position unmapped SNPs in crop species [J]. BMC Genomics, 22: 773 - 781.

Yang Z N, Mirkov T E, 1997. Sequence and Relationships of Sugarcane Mosaic and Sorghum Mosaic Virus Strains and Development of RT - PCR - Based RFLPs for Strain Discrimination [J]. Phytopathology, 87 (9): 932 - 939.

Young M D, Wakefield M J, Smyth G K, Oshlack A, 2010. Gene Ontology analysis for RNA - seq: accounting for selection bias [J]. Genome Biology, 11 (2): R14. doi. 10.1186/gb - 2010 - 11 - 2 - r14.

附录 1　一些常用单位符号及换算

1. 长度单位

名　称	英　文	单位符号	换　算
米	meter	m	1
分米	delimeter	dm	10
厘米	centimeter	cm	10^2
毫米	millimeter	mm	10^3
微米	micrometer	μm	10^6
纳米	nanometer	nm	10^9
皮米	picometer	pm	10^{12}

2. 容积单位

名　称	英　文	单位符号	换　算
升	liter	L	1
毫升	milliliter	mL	10^3
微升	microliter	μL	10^6

3. 重量单位

名　称	英　文	单位符号	换　算
千克	kilogram	kg	1
克	gram	g	10^3
毫克	Milligram	mg	10^6
微克	microgram	μg	10^9
纳克（毫微克）	nanogram	ng	10^{12}
皮克（微微克）	picogram	pg	10^{15}

4. 物质的量与浓度的单位

中　　文	英　　文	量的单位符号	浓度单位符号	换　　算
摩（尔）	mole	mol	mol/L	1
毫摩（尔）	millimole	mmol	mmol/L	10^{-3}
微摩（尔）	micromole	μmol	μmol/L	10^{-6}
纳摩（尔）	nanomole	nmol	nmol/L	10^{-9}
皮摩（尔）	picomole	pmol	pmol/L	10^{-12}

附录 2　缩略语表

以下为本书中所采用的缩写语

AFLP	amplified fragment length polymorphism，扩增片段长度多态性
Amp	ampicillin，氨苄西林
AP	Ammonium persulfate，过硫酸铵
AS	Acetosyringone，乙酰丁香酮
BAC	Bacterial Artificial Chromosome，细菌人工染色体
bp	base pair，碱基对
CSPD（CDP - Star）	碱性磷酸酶的化学发光底物，分子式：$C_{18}H_{20}ClNa_2O_7P$，MW=460.75
Cm	chloramphenicol，氯霉素
DArT	Diversity Array Technology
DEPC	diethyl pyrocarbonate，焦碳酸二乙酯
DNA	deoxyribonucleic acid，脱氧核糖核酸
dNTPs	deoxynucleoside triphosphate，脱氧核苷三磷酸，即 dATP，dGTP，dTTP，dCTP 的混合物
DP	degenerate prime，简并引物
DTT	dithiothreitol，二硫苏糖醇
EB	Ethidium bromide，溴化乙锭
EP	Eppendorf，微型离心管
E. coli	*Escherichia coli*，大肠杆菌
EDTA	ethylenediamine tetraacetic acid，乙二胺四乙酸
EST	expressed sequence tags，表达序列标签
FISH	Fluorescence in situ hybridization，荧光原位杂交技术
GISH	Genome in situ hybridization，基因组原位杂交
h	hour，小时
IPTG	isopropyl - β - D - thiogalactoside，异丙基- β - D -硫代半乳糖苷
ISSR	inter - simple sequence repeats，简单重复序列间扩增
LB	lysogeny broth
LD	linkage disequilibrium，连锁不平衡
KAc	Potassium acetate，乙酸钾
kb	Kilobase，千碱基对
Km	Kanamycin，卡那霉素
min	minute，分钟
NCBI	National Center for Biotechnology Information，（美国）国家生物技术信息中心

（续）

NC	nitrocellulose，硝酸纤维素
ns - cSNP	nonsynonymous cSNP，非同义编码 SNP
nt	nucleotide，核苷酸
OD	optical density，光密度
OFRs	open reading frames，开放阅读框
PBS	phosphate buffer solution，磷酸缓冲液
PBST	PBS＋Tween - 20，磷酸盐缓冲液加 Tween - 20
PCR	polymerase chain reaction，聚合酶链反应
PVDF	polyvinylidene difluoride，聚偏二氟乙烯
PVP	Polyvinylpyrrolidone，聚乙烯吡咯烷酮
QRT - PCR	quantitative real - time PCR，实时定量 PCR
Rif	rifampicin，利福平
RNA	ribonucleic acid 核糖核酸
rpm	revolutions per minute（r/min），每分钟转数
s	second，秒
SBAP	sequence - based amplified polymorphism，基于序列扩增多态性
SCoT	start codon targeted polymorphism，目标起始密码子多态性
s - cSNP	synonymous cSNP，同义编码 SNP
SDS	Sodium dodecyl sulfate，十二烷基硫酸钠
SDS - PAGE	sodium dodecyl sulfate polyacrylamide gel electrophoresis，十二烷基硫酸钠聚丙烯酰胺凝胶电泳
Sm	Streptomycin，链霉素
SNP	single nucleotide polymorphism，单核苷酸多态性
SP	specific primer，特异性引物
SPAR	single primer amplification reaction，基于单引物扩增反应
Spc	Spectinomycin，壮观霉素
SSC	Standard saline citrate，标准柠檬酸钠盐
SSR	simple sequence repeats，简单重复序列
Tris	tris hydroxymethyl aminomet，三羟甲基氨基甲烷
TAE	Tris - Acetate - EDTA，Tris 醋酸 EDTA 缓冲液
TAIL - PCR	Thermal asymmetric interlaced，PCR，温度不对称嵌套 PCR
TBE	Tris - Boric - EDTA，Tris 硼酸 EDTA 缓冲液
TE	Tris - EDTA 缓冲液
TEMED	N - N - N - N ′- tetramethylethylenediamine，N - N - N′- N′-四甲基乙二胺
TTC	2,3,5 - triphenyltetrazolium chloride，2,3,5 -三苯基氯化四氮唑
TUT	tentative unique transcript